氮足缺钾造成的番茄青面果

氮多缺钾造成的番茄僵硬花面筋腐果

氮、磷肥害造成番茄茎秆皱腐枯死

高湿磷丰，疏果不及时，夜温高，造成番茄植株茎节长，果实小

水分足，夜温高，引起番茄缺碳、钾疯长秧

番茄缺碳、钾引起植株干瘦叶和小果

高温缺钙引起番茄果肩裂纹

高温缺钙引起
番茄脐腐果

蘸花24—D液浓度
过大，高温缺钙，
引起番茄灼伤果

高温缺硼引起番茄果面龟裂变褐

低温缺硼引起
番茄茎秆中空

缺硼引起番茄木栓化果肩裂纹

缺锌引起番茄卷曲叶

氮、磷过多，缺少铜、锌，
引起辣椒地面处茎腐

高温脱水造成钙、硼吸收障碍，
导致茄子植株上端叶卷枯

辣椒低高温期缺硼
引起新叶叶脉皱缩

氮、磷过多造成
黄瓜僵叶镶金边

苗期氮害造成
黄瓜畸形茎

高温和氨害引起
黄瓜植株焦枯叶

低温磷丰引起黄瓜植株瓜打顶

磷丰瓜多，不及时疏瓜，引起黄瓜植株瓜打顶

缺碳、钾引起黄瓜叶肉白花

高温，缺钾、硼
引起尖头黄瓜

高温缺钙引起黄
瓜植株叶缘干枯

干旱缺硼引起黄瓜植株叶脉白化

高温，土壤氮、磷浓度
大，引起黄瓜镁吸收障
碍，造成整蔓黄化

缺硼、碳、钾，水肥不
匀，引起蜂腰弯黄瓜

缺锌引起黄瓜
叶片僵硬黄化

24-D 用量过大，引起黄瓜缺锌僵硬叶

土壤溶液浓度过大引起黄瓜
铁吸收障碍，造成叶片黄化

设施蔬菜施肥技术问答

程季珍　巫东堂　编著

金 盾 出 版 社

内 容 提 要

本书由山西省农业科学院蔬菜研究所程季珍、巫东堂研究员编著。以问答释疑方式，主要介绍设施蔬菜的土壤肥料要求和需肥特点，设施蔬菜栽培营养与环境调控技术，蔬菜设施栽培常用的肥料及施肥方法，茄果类、瓜菜类、叶菜类、花菜类和豆类等常见设施栽培蔬菜的施肥技术，以及无公害蔬菜产地环境条件与控制技术等内容。全书内容丰富系统，语言通俗明白，技术先进实用，实践性和可操作性强，对于搞好蔬菜设施栽培，提高经济效益，具有很强的指导作用。

图书在版编目(CIP)数据

设施蔬菜施肥技术问答/程季珍，巫东堂编著. —北京：金盾出版社，2009.9(2014.1 重印)
ISBN 978-7-5082-5820-1

Ⅰ. 设… Ⅱ. ①程…②巫… Ⅲ. 蔬菜—温室栽培—施肥—问答 Ⅳ. S626.5-44

中国版本图书馆 CIP 数据核字(2009)第 110372 号

金盾出版社出版、总发行

北京太平路 5 号(地铁万寿路站往南)
邮政编码：100036 电话：68214039 83219215
传真：68276683 网址：www.jdcbs.cn
封面印刷：北京精美彩色印刷有限公司
彩页正文印刷：北京印刷一厂
装订：北京印刷一厂
各地新华书店经销

开本：850×1168 1/32 印张：7.125 彩页：8 字数：169 千字
2014 年 1 月第 1 版第 14 次印刷
印数：260 001～265 000 册 定价：13.00 元

目　录

一、设施蔬菜对土壤肥料的要求和需肥特点

1. 设施蔬菜栽培对土壤有什么要求？

设施蔬菜栽培品种比较单一，重茬多，土地复种指数高，蔬菜产量高，因此，对土壤条件要求较高。

(1)土壤要高度熟化 熟土层厚度要大于30厘米，土壤有机质含量不低于20～30克/千克，最好能达到40～50克/千克。

(2)土壤结构要疏松 固液气三相比例要适当，固相占50%左右，液相占20%～30%，气相占30%～20%，总孔隙度在55%以上，这样才能有较好的保水保肥和供肥供氧能力。

(3)土壤的酸碱度要适宜 土壤的pH值为6.0～6.8时，大多数蔬菜生长良好。

(4)土壤的稳温性能要好 要求土壤有较大的热容量和热导率，这样，土壤温度变化较稳定。

(5)土壤养分含量高 要求土壤肥沃，养分齐全，含量高，土壤含碱解氮在150毫克/千克以上，速效磷110毫克/千克，速效钾170毫克/千克以上，氧化钙1.0～1.4克/千克，氧化镁150～240毫克/千克，并含有一定量的有效硼、钼、锌、锰、铁、铜等微量元素。

(6)土壤要符合无公害农产品生产的土壤环境质量标准 要求土壤中无病菌，无害虫，无寄生虫卵，无有害、污染性物质积累。

2. 设施蔬菜栽培土壤的有机质及大量、微量元素含量分别是多少？

近十几年来，各地设施菜地面积发展很快，大部分是由粮田转

改为设施栽培土地的，大多土壤肥力不高，不能充分满足蔬菜生长发育的需求。各地设施菜田土壤的养分状况大致如下：

(1)东北地区设施菜田土壤养分状况

①有机质 辽宁省设施菜田土壤有机质含量为18.3～55.4克/千克，平均含量为30.0克/千克。黑龙江省菜田土壤有机质含量为36～89.8克/千克，平均含量为57.6克/千克。

②全 氮 辽宁省设施菜田土壤全氮含量为0.89～2.35克/千克，平均含量为1.55克/千克。黑龙江省菜田土壤全氮含量为1.81～5.0克/千克，平均含量为2.94克/千克。

③碱解氮 辽宁省设施菜田土壤碱解氮含量为83～223毫克/千克，平均含量为145.7毫克/千克。黑龙江省设施菜田土壤碱解氮含量为178.8～453.2毫克/千克，平均含量为291.3毫克/千克。

④速效磷 辽宁省设施菜田土壤速效磷含量为40.4～245毫克/千克，平均含量为129.9毫克/千克。黑龙江省设施菜田土壤速效磷含量为139～550.2毫克/千克，平均含量为359.6毫克/千克。

⑤速效钾 辽宁省设施菜田土壤速效钾含量为67～422毫克/千克，平均含量为194.4毫克/千克。黑龙江省设施菜田土壤速效钾含量为167.8～827.5毫克/千克，平均含量为411.5毫克/千克。

(2)西北地区设施菜田土壤养分状况

①有机质 陕西省设施菜田土壤有机质含量为17～24克/千克，平均含量为21克/千克。

②全 氮 陕西省设施菜田土壤全氮含量为1.08～1.4克/千克，平均含量为1.26克/千克。

③速效磷 陕西省设施菜田土壤速效磷含量为125～255毫克/千克，平均含量为203.3毫克/千克。

④速效钾　陕西省设施菜田土壤速效钾含量为 275～720 毫克/千克，平均含量为 480.3 毫克/千克。

(3)华北地区设施菜田土壤养分状况

①有机质　山东省设施菜田土壤有机质含量为 7.04～50.1 克/千克，平均含量为 21.0 克/千克。山西省设施菜田土壤有机质含量为 17.0～57.0 克/千克，平均含量为 30.3 克/千克。

②全　氮　山西省设施菜田土壤全氮含量为 0.66～1.7 克/千克，平均含量为 1.1 克/千克。

③碱解氮　山东省设施菜田土壤碱解氮含量为 23.8～540.2 毫克/千克，平均含量为 160.5 毫克/千克。山西省设施菜田土壤碱解氮含量为 65.8～150.8 毫克/千克，平均含量为 111.9 毫克/千克。

④速效磷　山东省设施菜田土壤速效磷含量为 17.4～833.6 毫克/千克，平均含量为 128.2 毫克/千克。山西省设施菜田土壤速效磷含量为 63.4～191.1 毫克/千克，平均含量为 105.8 毫克/千克。

⑤速效钾　山东省设施菜田土壤速效钾含量为 52.7～913.6 毫克/千克，平均含量为 238.0 毫克/千克。山西省设施菜田土壤速效钾含量为 80.5～211.9 毫克/千克，平均含量为 152.3 毫克/千克。

⑥有效硼　山东省设施菜田土壤有效硼含量为 0.74～1.47 毫克/千克，平均含量为 0.99 毫克/千克。山西省设施菜田土壤有效硼含量为 0.46～1.92 毫克/千克，平均含量为 0.83 毫克/千克。

⑦有效钼　山东省设施菜田土壤有效钼含量为 0.06～0.17 毫克/千克，平均含量为 0.11 毫克/千克。山西省设施菜田土壤有效钼含量为 0.16～0.42 毫克/千克，平均含量为 0.22 毫克/千克。

⑧有效锌　山东省设施菜田土壤有效锌含量为 0.82～6.9 毫克/千克，平均含量为 3.0 毫克/千克。山西省设施菜田土壤有效

锌含量为2.17～3.14毫克/千克,平均含量为2.66毫克/千克。

⑨有效锰 山东省设施菜田土壤有效锰含量为8.3～38.1毫克/千克,平均含量为15.3毫克/千克。山西省设施菜田土壤有效锰含量为5.23～13.05毫克/千克,平均含量为8.82毫克/千克。

⑩有效铁 山东省设施菜田土壤有效铁含量为8.6～40.4毫克/千克,平均含量为14.8毫克/千克。山西省设施菜田土壤有效铁含量为9.96～15.15毫克/千克,平均含量为12.51毫克/千克。

⑪有效铜 山东省设施菜田土壤有效铜含量为0.85～2.29毫克/千克,平均含量为1.34毫克/千克。山西省设施菜田土壤有效铜含量为1.13～3.07毫克/千克,平均含量为1.86毫克/千克。

3. 设施栽培土壤怎样进行培肥与改良?

(1)设施栽培土壤面临的问题 近十几年来,各地设施栽培面积发展很快,大部分是由粮田转改为菜田的,土壤肥力不高,土壤有机质、全氮、速效磷、速效氮等含量偏低,不能满足蔬菜生长发育的需要。另外,老设施土壤还面临着土壤盐渍化和连作障碍等问题。

(2)设施栽培土壤的培肥和改良

①培肥和改良的原则 应因地制宜,用培结合,综合治理,逐年改良。

②改良的措施 增施有机肥,深翻土壤,扩大土壤熟化层;适量施用化肥,要注意氮、磷、钾三要素的合理配比,不能单独施用氮肥;要合理轮作与耕作。

增施有机肥:有机肥养分齐全,许多养分可以被蔬菜直接吸收利用;能改善土壤的理化性质,提高土壤的缓冲能力和保肥、供肥能力;能在土壤中转化成有机质,与土壤中的多种金属离子结合形成水溶性或非水溶性的结合物,不使其产生毒害作用。其养分是缓慢施放出来的,不易发生浓度障害,又可产生大量的二氧化碳,提高光合作用的效率。生产实践证明，增施有机肥，蔬菜病害轻，产量高，品质好。

适量施用化肥：过量施用化肥易形成盐类浓度障害，不利于蔬菜生长发育。只有适量施用化肥，才能有效促进蔬菜健康地生长发育。

4. 设施蔬菜的营养特点是什么？

适宜于设施栽培的蔬菜种类和品种日益增多，由于其生育特点、生长时间、供食器官不同，对土壤肥力、环境条件、养分种类和需求数量也不相同。但与大田作物相比较，有以下共同的营养特点：

(1)蔬菜养分含量高、需肥量大　与大田作物相比较，蔬菜生物产量高，植株养分含量高，需肥量也较多。如茄果类蔬菜的生物产量约为大田作物的数倍。种植一季蔬菜从土壤中带走的养分量，相当于种植几季大田作物的携出量。因此，栽培蔬菜对土壤肥力和肥料投入的数量，远比种植大田作物为高。

(2)蔬菜对氮、钾、钙、镁、硼的需要量大，吸收比例高　由于蔬菜根系盐基代换量大，对钾、钙、镁等盐基离子的需要量也大。如番茄和辣椒的平均需钾量为小麦的 2.9 倍，吸钙量为小麦的 2.4 倍，吸镁量为小麦的 2.0 倍。根菜类、豆类蔬菜作物的含硼量最高。除洋葱外，其他各种蔬菜的含硼量均比大田作物高。因此，许多蔬菜常因土壤供硼不足而发生缺硼症状，如芹菜的茎裂病，甘蓝的褐腐病，萝卜的褐心病等。

(3)蔬菜对肥料的依赖性大　大田作物吸收的养分约 2/3 来自土壤，1/3 来自肥料。蔬菜对肥料的依赖性比大田作物大，如辣椒约 3/5 的氮磷素养分和 2/3 的钾素养分来自肥料，只有 2/5 的氮、磷素和 1/3 的钾素来自土壤，如果土壤肥力水平较差，则对肥料的依赖性更大。

(4)**蔬菜养分转移率低** 多数蔬菜属营养非完全转移作用。凡以营养器官供食用的蔬菜，其养分转移率低，其中可食部分含氮量还低于非可食部分；磷和钾的含量，可食部分与非可食部分大致相当。蔬菜非可食部分养分转移率低，表明养分再利用率低，也是蔬菜需肥量较大的重要原因之一。

(5)**蔬菜易发生生理性病害** 与粮食作物相比，蔬菜易发生由于缺乏养分或养分失调引起的生理性病害。如番茄缺钙而导致的脐腐病等。

5. 设施蔬菜的需肥特性有哪些？

不同种类的蔬菜，对营养元素的吸收能力、吸收过程、耐肥性能和需肥特性等方面，也存在着差异。

据调查分析，设施栽培蔬菜吸收养分能力大小的顺序是：甜椒＞茄子＞番茄＞甘蓝＞芹菜＞黄瓜＞西瓜。对养分吸收的过程，由于叶菜类生长期短，生育前期生长速度慢，干物质积累少，吸收养分也少。在出苗后40～60天，生长速率加快，吸收量逐渐增加，但已逐渐进入收获期。甘蓝、白菜、根菜类对养分的吸收有前期少、中期大、后期又少的特点；瓜果类蔬菜具有营养生长与生殖生长并进的生育特点，对养分吸收持续时间较长，直到生育后期吸收量仍较大。

甘蓝、大白菜、芹菜和茄子等耐肥力较强；番茄、辣椒、洋葱和黄瓜等耐肥力中等；生菜、菜豆等耐肥力较弱。耐肥力强的蔬菜，在生长盛期能耐受较高的土壤养分浓度。而耐肥力中等的蔬菜能耐受的土壤养分浓度相对较低。耐肥力弱的蔬菜，对土壤养分浓度的耐受力更低。

6. 叶菜类蔬菜的需肥有何特点？

叶菜类蔬菜种类较多，种植面积大，产量高，包括结球叶菜类的大白菜和甘蓝等及绿叶菜类的芹菜、菠菜、生菜和油菜等。它们共同的需肥特点是：

第一，在氮、磷、钾三要素养分中，以钾素的需求量为最高，每1 000千克产量吸收的钾和氮量接近于1∶1。

第二，根系入土较浅，属于浅根型作物，根系抗旱、抗涝力较弱。土壤过湿、氧气含量低时，会严重影响它们对土壤养分的吸收；土壤干旱时，很容易发生缺钙和缺硼症状。

第三，植株体内的养分在整个生育期内不断积累，但养分吸收速度的高峰是在生育前期。因此，生育前期的营养对全生育期影响较大，对产量和品质有重要作用。

7. 茄果类蔬菜的需肥有何特点？

茄果类蔬菜以浆果供人们食用，主要有番茄、茄子和甜椒等，它们的需肥特点是：

第一，茄果类蔬菜都是育苗移栽，从生育初期一直到花芽分化开始时的养分吸收，均在苗床中进行。由于磷素在花芽分化中具有重要的作用，因此在育苗阶段一定要保证幼苗的磷素供应。在苗期加强磷、钾营养的供给，不仅可以提高幼苗质量，使带花植株率增加，而且可明显促进果实早熟，增加产量。

第二，吸收钾量最大，其次为氮、钙、磷、镁。由于是多次采收，植株所含养分随果实采收而不断地带走。因此，茄果类蔬菜的养分吸收到生育后期仍然很旺盛，茎叶中的养分到末期仍在增加。

8. 瓜果类蔬菜的需肥有何特点？

瓜类蔬菜包括黄瓜、西葫芦、南瓜、西瓜和冬瓜等，为营养器官与产品器官同步发育型的蔬菜。其需肥特点是：

第一，果重型瓜类对营养的需求低于果数型瓜类。黄瓜为果数型瓜类的代素，耐肥力弱，但需肥量高，一般采用“轻、勤”的施肥方法。果重型瓜类则注重基肥的施用。

第二，植株体内碳氮比增高时，花芽分化早；氮多时，碳氮比降低，花芽分化推迟。因此，苗期要注意氮、钾肥的施用比例。

第三，瓜类蔬菜施肥中值得重视的问题是施肥对品质的影响。增施钾肥能显著提高瓜类蔬菜的抗病力和品质，使西瓜糖度提高，风味改善。

9. 葱蒜类蔬菜的需肥有何特点？

葱蒜类蔬菜包括韭菜、大蒜、洋葱和大葱等，主要以叶片、假茎（由叶鞘抱合而成）或鳞茎（叶的变态，由叶鞘基部膨大而成）供食用。它们共同的需肥特点是：

根系为弦状须根，几乎没有根毛，入土浅，根群小，吸肥力弱，需肥量大，属喜肥耐肥作物。要求土壤具有较强的保水、保肥能力，需施用大量腐熟有机肥提高土壤的养分缓冲能力，同时以氮为主，磷、钾配合，保证植株健壮生长，并促使同化产物送往贮藏器官（如韭菜的根茎，洋葱、大蒜的鳞茎，大葱的假茎等），从而获得优质高产。

二、设施蔬菜栽培的营养与环境调控技术

10. 土壤水分怎样影响蔬菜对土壤养分的吸收？

水分是蔬菜生长发育所必需的，土壤水分状况决定着蔬菜对营养元素的吸收量和吸收能力。一般来说，施肥效果随土壤含水量的提高而增加。当土壤含水量低于60%～80%时，会直接抑制蔬菜的正常生长和生理活动，干物质形成减少，根活力降低，对养分的吸收能力下降，养分在土壤中的扩散率下降，养分利用率也下降，从而影响施肥效果。如果土壤含水量过高，则土壤通气不良，也影响根系对养分的吸收。适合蔬菜根系吸收的养分浓度，由土壤含水量和施肥量来决定。施肥量较少，土壤含水量可以较低；施肥量大时，土壤含水量应较高。因此，设施蔬菜栽培在每次追肥后要结合浇水，调节土壤水分含量，以充分发挥施肥的增产效果。

11. 土壤温度怎样影响蔬菜对土壤养分的吸收？

各种蔬菜的生长发育及产量形成，都要求与之相适应的土壤温度。温度适宜时，蔬菜生长健壮。温度过高或过低，蔬菜生理活动失调或紊乱。温度一方面直接影响养分在土壤中的扩散速度及蔬菜根系对养分的吸收能力和在植株体内的运输能力，另一方面则影响蔬菜的生长发育状况，从而直接影响蔬菜对养分的吸收利用。如温度高低在一定的范围之内，影响蔬菜的呼吸作用强弱；而呼吸作用的强度大小，又影响蔬菜主动吸收养分所需能量的多少。

地温直接影响番茄对无机养分的吸收和植株地上部氮钾含量比率。地温在一定范围内，番茄地上部含氮量随温度升高而减少。地温高于22℃，虽然有利于氮的吸收，但高温下氮易挥发损失；地温较高时，有利于钾、磷、铁、锰、铜、锌的吸收和转移，对钙、镁影响较小，但能减少对钠的吸收。

12. 光照怎样影响蔬菜对养分的吸收？

光合作用的重要条件是一定程度的光照强度。这也是蔬菜赖以生存和生长发育的物质基础的重要方面。蔬菜生存的另一个重要条件是根系吸收的矿质营养。这两方面的物质来源是相互联系、相互影响、相互依存的。根系吸收的无机营养和叶片在光合作用中制造的有机营养在蔬菜体内通过物质转化等代谢过程，进一步形成蔬菜生长发育所需的有机物，以完成从出苗至产品收获的生命周期。

蔬菜在适宜的光照条件下进行的旺盛的光合作用，制造出大量的碳水合化物，供给各器官生长发育之用，同时也促进根系对养分的吸收。光照不足时，光合作用不强，也限制了根系对矿质养分的吸收，植株地上部徒长，器官形成不健全，根系不发达，吸收能力和运输能力下降，施肥效果差。在设施蔬菜栽培条件下，要改善棚室内的光照条件，以充分发挥施肥的增产效果。

13. 不同种类和品种的蔬菜吸收养分有什么不同？

由于不同种类的蔬菜，产量不同，生育期长短不同，根系吸收能力不同，生长速度不同，因此对土壤养分吸收的数量也不同。

在设施栽培条件下，凡根系发达、分枝多、根毛多，在土壤中分布面积大、深度广、与土壤接触面积大的蔬菜种类或品种，相对吸收面积大，吸收养分数量多，除能够吸收耕层土壤的养分外，还能吸收底层土壤中的养分。因此，对施用肥料的要求相对不严格。而根系浅、分布面积小，吸收能力较差的蔬菜种类（如黄瓜），只能吸收耕层土壤中的养分，要想使这类蔬菜获得高产，就必须有相对肥沃的土壤和充分的养分供应。这类蔬菜对土壤肥力的依赖性较大，培肥土壤是关键的措施。

按形成单位重量产品，植株地上部对养分吸收总量的大小，可分成以下几种：①吸收养分量大的，如甘蓝、大白菜、胡萝卜和马铃薯等；②吸收养分量中等的，如番茄和茄子等；③吸收养分量较小的，如菠菜、芹菜和结球莴苣等；④吸收养分量小的，如黄瓜和水萝卜等。

14. 养分之间的相互作用怎样影响蔬菜对土壤养分的吸收？

在向土壤中同时施用两种或两种以上营养元素的肥料时，养分之间的相互作用将出现三种情况，即正交互作用、无交互作用和负交互作用。

(1)**正交互作用**　这是指两种营养元素配合施用的增产效果，大于两种元素单独施用增产效果之和。在蔬菜生产中，在施磷肥的基础上，进行氮、钾肥配合施用；在氮、磷肥基础上，进行钾、镁肥配合施用，或钾、硼肥配合施用，在一定条件下，可以获得正交互作用。

(2)**无交互作用**　这是指两种营养元素配合施用的效果，等于两种营养元素单独施用增产效果之和。元素之间没有相互影响的关系，各自独立对作物增产起作用。

(3)**负交互作用**　这是指两种营养元素配合施用的增产效果，小于单独施用时的增产效果之和。表明元素间存在拮抗作用，这种情况多发生在一种营养元素施用量过大，而抑制另一种营养元素的吸收，其结果可能导致缺素病害的发生，最终降低产量和肥料利用率，而影响经济效益。

15. 温度对蔬菜的养分吸收有何影响？

温度是蔬菜生育的基本环境因素，其生命活动都受温度的影响。不同蔬菜种类，不同蔬菜品种及同一蔬菜品种在不同的生育期，都有其不同的适宜生长温度。在一定温度范围内，随温度的升高，蔬菜呼吸作用加强，吸收养分的能力也随着增加。低温时蔬菜呼吸作用和代谢作用均较缓慢，而高温时又易引起体内酶的变性，酶的活性降低，从而也影响养分的吸收。只有在适宜的温度下，蔬菜才能正常生长，吸收的养分也相应较多。低温对蔬菜吸收硝酸根、磷酸根和硫酸根等阴离子的影响，比吸收铵离子、钙离子和镁离子等阳离子明显，因为对阴离子的吸收是以主动吸收为主，消耗能量较多。而当低温时，影响氧化磷酸化的作用，形成腺苷三磷酸较少。因此，设施冬春茬蔬菜应增施磷肥，以减少低温对其吸收阴离子不足的影响。磷是蔬菜体内许多含磷的生命活性物质、高磷酸化合物及酶和辅酶的组成成分，如腺苷三磷酸等，它们在物质代谢过程中起着重要的作用，尤其是腺苷三磷酸，在能量转换中起"中转站"的作用。如光合作用中吸收的能量，呼吸作用释放的能量，碳水化合物厌氧发酵过程中产生的能量，均被贮存于腺苷三磷酸中，在其水解时释放出的能量，可供各种有机物质的合成、养分的主动吸收及运输等生命活动对能量的需求。

16. 土壤施肥是怎样影响温度调控的？

钾肥能提高蔬菜的光合磷酸化的效率。形成更多的腺苷三磷酸，为其生命活动的正常进行、养分的吸收，提供所需的能源，从而促进物质代谢，提高蔬菜的抗逆性，即抗低温、干旱、盐碱、病虫害的能力。因此，在设施蔬菜栽培中增施磷、钾肥，可以增强蔬菜的抗逆性，提高产量，改善品质。

有机肥和化肥配合施用，不仅能供给蔬菜生长所需的氮、磷、钾及微量元素等养分，而且也能活化土壤中的磷、钾及微量元素，提高肥料利用率，增强土壤供肥能力。还能促进土壤结构形成微团聚体，协调土壤水、肥、气、热等环境条件，减少冻害，减少环境污染，是生产无公害蔬菜的有效措施。在我国“三北”地区设施蔬菜栽培中，重视腐熟有机肥和磷、钾的配合施用，如施用骡马粪等热性有机肥，地面覆盖秸秆等作为酿热物，可防寒增温。在有机肥腐解过程中，不仅能提高土温和棚温，减少冻害，还能释放二氧化碳，作为蔬菜光合作用所需用的碳源，减少二氧化碳气肥施用量，节约能源，既增加产量，又降低生产成本。

17. 温度对设施蔬菜生长发育有什么影响？

温度对设施蔬菜的影响，因温度高低不同而不同。对某一种蔬菜来说，适宜的温度能促进其生长发育，而适温以外的温度，则不利于蔬菜的生长，甚至造成伤害。温度不适所造成的伤害主要如下：

(1)低温对蔬菜的危害 低温对蔬菜的危害，可根据蔬菜受害时的不同温度，分为冻害和冷害。

①冷　害　这是由棚室温度在较长时间内低于蔬菜生长的适宜温度(0℃～10℃)所造成的伤害。对于喜温性蔬菜来讲，一般当温度低于10℃时，就会出现冷害症状。主要表现在植株生长缓慢或停止生长，或出现萎蔫；叶片失绿变成黄色，或叶片皱缩呈现深绿色，或叶片枯死；根系活力降低，沤根、塞根；落花落果，或产生畸形果等。

②冻　害　这是由于棚室温度低于蔬菜可忍耐的低温界限(低于0℃以下)时间太久，使植株体内水分结冰而造成组织伤害。主要症状是茎叶褪绿变白，嫩茎叶生长点首先出现干枯，严重时整株萎蔫干枯，果实腐烂。

(2)**高温对蔬菜的危害** 棚室内通风或浇水不及时，使棚温过高，超过蔬菜生长发育要求的适温时，同样会对蔬菜造成危害。高温对蔬菜的危害，因蔬菜的耐热性和温度过高的程度而不同，表现出的症状也有较大差异。一般过高的温度造成的危害发生快，危害严重，其症状是日烧，俗称“烧焦”。日烧部分褪绿发白，干枯卷叶和萎蔫等。轻度高温时一般需较长时间才能表现出来，主要受害症状是植株生长缓慢或停止生长，叶面积小，叶色淡，茎秆细弱，落花落果，以及出现畸形果实等。

18. 调控棚室温度的措施有哪些?

温度调控的主要目标是根据蔬菜各个生育期的生长适宜温度及栽培要求，及时对影响温度变化的各个因素进行调控，确保棚室内温度适宜，避免发生低温和高温危害。

(1)**增　温** 设施内要尽量利用太阳的辐射能，但在冬季严寒地区，夜间和阴雪天设施内温度过低时，还需要进行人工加温。

①**酿热物加温法** 这是比较经济的加温措施，在温室、塑料棚或温床内都可应用。各地可因地制宜地选用酿热物。只要调控好空气、水分、养分、碳/氮比值等条件，即可收到较好的增温效果。

常用的高温酿热物有：马粪、骡粪和驴粪等；常用的低温酿热物有：牛粪、猪粪、麦秸和稻草等；一般采用30%的高温酿热物，加70%的低温酿热物，混合成设施内的常用高温酿热物。

具体做法是，在棚室内的栽培床上，先铺15～30厘米厚的马粪、稻草和麦秸等酿热物；若用猪粪或牛粪，需加入1/3的稻壳、锯末等物，先发酵再整平，再在上面铺一层营养土，然后栽培蔬菜。

②**燃料加温法** 这是用燃料燃烧产生的热能，来升高设施内气温的方法。按所用热源来分，可分为火热、风热和水暖三种方式。

③**电热加温法** 是利用土壤中设置的电加温线来提高地温的

一种有效方法。因其耗电量大,又不安全,故一般只用于苗床育苗。

(2)**保　温**　保温主要是减少温室和大棚内的热量散失,使进入棚室内的热量尽量保存下来。根据热收支平衡的原理,保温措施主要考虑减少贯流放热、换气放热和地中热传导。

①**减少热量损失**　选用适宜的建材,建造透光保温性能好的棚室,采用多层保温覆盖等有效措施,可以减少棚室热量散失,达到保温的效果。

②**提高地温**　地温提高以后,夜间地面散放到棚室中的热量增多,有利于棚室的保温。主要措施有高温烤地,起垄栽培,地膜覆盖,科学浇水,地面喷洒增温剂,深施、多施热性有机肥料和酿热物,挖防寒沟等。

(3)**降　温**　棚室内的降温和增温保温相反,主要降温措施有以下三种:

①**减少进入棚室内的太阳辐射能**　可采用各种遮光措施,如采取加盖草帘和遮阳网等措施,可以遮住阳光,降低棚室内的温度。

②**适量浇水**　土壤缺水时,应及时浇水或往植株上适量喷水,以提高土壤中的含水量和增加空气中相对湿度,减轻高温危害。

③**通风换气**　如进行自然通风换气和人工强制机械排气通风,都可以达到棚室降温的目标。

19. 施入土中的肥料是怎样影响蔬菜光照调控的?

太阳不仅是热量的来源,也是生物能量的来源。设施蔬菜栽培,就是利用太阳的光能,把它转变成为腺苷三磷酸,供蔬菜对二氧化碳进行同化,合成碳水化合物以及呼吸作用、物质的运输与积累等生命活动,最后开花、结果及形成产品。因此,合理地利用太阳光能，是设施蔬菜栽培获得优质高产的一个重要措施。

氮可促进蔬菜的生长，增加叶面积和叶片中蛋白质及叶绿素的含量，提高光能利用率。磷可促进光合磷酸化和氧化磷酸化作用，把光能和呼吸作用所产生的能量转变为化学能贮藏起来，供蔬菜使用。钾可促进蔬菜进行碳的同化，在低温寡照的冬春季，增施钾肥有补充光照不足的作用。铁、氯、镁、硫等与叶绿素的形成有关，锰和氯与水的光解有关，硼、锌、铜与碳水化合物的合成有关，钙能稳定细胞膜的结构，钼是硝酸还原酶的成分，与氮的同化有关。这就是说，蔬菜生长发育所需的16种营养元素，都直接或间接地影响蔬菜光合作用的进行。

有机肥料，如人粪尿、鸡粪、猪粪和堆厩肥等肥料，施入土壤后，经微生物分解后能产生大量二氧化碳气体和无机态养分，不仅直接供给蔬菜有效养分，还能促进蔬菜光合作用和呼吸作用的进行。

20. 光照强度怎样影响蔬菜生长发育？

光照强度对蔬菜的光合作用、呼吸作用、植株生长、开花结果及产品的品质均有影响。在适宜的光照强度范围内，增加光照，有利于蔬菜的生长发育，而当光照过强或过弱，就会对蔬菜产生不利的影响。

多数蔬菜需要较强的光照条件。但是，不同的蔬菜作物，由于其原产地不同，系统发育和人工驯化条件不同，对光照强度的要求也不一样。一般可分为以下三种：

(1)对光照强度要求较高的蔬菜 这类蔬菜有瓜类（黄瓜除外）、茄果类、豆类和薯芋类蔬菜等。

(2)对光照强度要求中等的蔬菜 这类蔬菜有根菜类和葱蒜类蔬菜等。

(3)对光照强度要求较低的蔬菜 这类蔬菜有叶菜类、黄瓜、生姜和百合等。

21. 光照时间怎样影响蔬菜的生长发育?

不同种类的蔬菜作物,要求光照时间的长短也不一样。一般可分为以下三种:

(1)**长日照蔬菜** 这类蔬菜作物一般要求每天有14小时以上的光照时间,在较长的光照条件下能促进开花,在较短的日照条件下不开花或推迟开花。2年生蔬菜多属于此种,如白菜、甘蓝、萝卜、芹菜、菜花、菠菜、莴苣和葱蒜类蔬菜等,在春季长日照条件下抽薹开花。

(2)**短日照蔬菜** 一般要求每天有12小时以下的光照时间,在较短的光照条件下能促进开花,在较长的光照条件下不开花或推迟开花。1年生蔬菜多数属于此种,如瓜类、豆类、茼蒿、苋菜和蕹菜等。它们大都在秋季短日照条件下开花结实。

(3)**中性蔬菜** 由于长期人工栽培的结果,对光照时间长短反应不敏感,在较长或较短的日照条件下都能开花结果。如番茄、辣椒、茄子、黄瓜和菜豆等。只要温度适宜,可以在春秋季开花,冬季设施栽培也可开花结果。

22. 光照强度不当对蔬菜会造成什么危害?

(1)**强光的危害** 强光对蔬菜的危害主要是通过提高棚室温度或在蔬菜表面形成局部高温,直接或间接地伤害蔬菜。强光对蔬菜的危害程度,与蔬菜的耐强光能力、强光程度以及强光持续时间的长短有关。

危害的症状:植株矮小,生长缓慢;叶片变厚,变小,色淡,严重时叶片卷曲;茎秆细硬;落花落果,果皮厚,果色浅,体积变小,并且容易形成畸形果。此外,幼嫩组织易出现“日烧”症状。

(2)**弱光的危害** 弱光对蔬菜的不利影响,是通过降低蔬菜的光合产量而使蔬菜产生“饥饿”。弱光对蔬菜的危害程度，与蔬菜的耐弱光能力、弱光的程度和弱光持续时间的长短有关。

危害症状：植株生长不良，茎秆细软；叶薄色浅，容易黄化；花芽分化不良，花器畸形，落花落果严重；果实生长缓慢，色浅，味淡，着色不良。

23. 调控光照的措施有哪些？

根据蔬菜作物的种类及生育阶段，调节光照条件，创造良好的光照环境，提高作物的光合效率，是温室大棚蔬菜生产的关键环节。

(1) **改善光照条件** 为了改善温室内的光照条件，可以采取以下措施：①优化温室大棚结构，增大采光面，提高透光率。②选用透光好、耐老化、防污染的塑料薄膜作覆盖材料。③保持采光面光洁、干净。④延长受光时间，适时揭盖草帘。⑤温室在阴天时，也应揭开草帘，以保证进入一定量的散射光。⑥冬季将后墙和后坡内侧涂白，或张挂反光幕，增加后部的反射光。⑦采用多层覆盖的温室大棚，内层膜要及时揭开。⑧天气转暖后，可将温室后坡拆除，用一层塑料薄膜代替，以改善后部光照情况。

(2) **合理布置蔬菜作物** 要使蔬菜作物在棚内合理布局，以便充分利用温室大棚内的光照条件。温室后部光照弱，特别是栽培高棵作物时，由于前排作物的遮荫，后部光照更弱。为了改变这种状况，可采用南北行高矮架栽培方式，使植株都能得到较好的光照。冬季用日光温室进行蔬菜栽培，株行距应大一些。也可采取高矮秧间作，喜光与耐阴蔬菜间作和主副行间作等栽培方式。此外，温室大棚高温多湿，蔬菜生长繁茂，叶片肥大，应及时整枝、打杈、绑蔓和摘除下部老叶，以利于通风透光。

(3) **人工补光** 改善冬季温室光照条件最有效的办法是人工补光。由于人工补光成本较高，大面积应用还难以做到，但在苗期进行短期补光还是可行的。另外，在阴天和雨雪天适当补充光照，可以抑制幼苗病害的发生。补光的光源可将农用高压汞灯和日光灯配合使用，灯管距幼苗顶部叶片50～60厘米。

(4)人工遮光 遮光的目的是降温和减弱光照强度。初夏以后的中午，温室大棚中往往出现光照过强和温度过高的小气候，此时需要遮光；秧苗移植后和某些蔬菜扦插后，为了促进缓苗，中午温度过高时也需要遮光。其方法是给大棚覆盖各种遮阴物，如草帘、竹帘、黑色纱网布和遮阳网等。

24. 湿度对蔬菜吸收养分有何影响？

水分是蔬菜生命活动中不可缺少的，它不仅是矿质养分和光合产物运输的载体，还可以通过叶面蒸腾来调节蔬菜的温度。蔬菜的其他作用需要更多的水分。蔬菜对水分的要求可分为地下部分的要求和地上部分的要求，即根系对土壤中水分的要求和植株对空气湿度的要求。搞好设施内的湿度调节，是设施栽培蔬菜优质高产的重要条件。

蔬菜吸收的养分是呈液体状态的，土壤温度的高低直接影响蔬菜对养分的吸收。水分是施入土壤中化肥的溶剂和有机肥料矿质化的必要条件，养分的扩散和质流，以及根系吸收养分，都必须通过水分来进行。适宜的土壤湿度可提高养分的有效性，即提高其利用率。蔬菜栽培中常采用"以水冲肥"、"以水调肥"、"以水控肥"的措施来促控蔬菜对养分的吸收。但浇水过多时，也不利于养分的吸收，同时还会引起养分的流失。土壤水分含量与磷的扩散系数呈正相关；低温干旱，增施磷、钾肥，可提高蔬菜的抗逆性；增施有机肥既可提高土壤的缓冲能力，又能提高蔬菜的抗干旱、涝害的能力。

空气相对湿度的高低直接影响叶面追肥的效果，叶面追肥的效果与空气湿度呈负相关。因此，应在晴天，棚室内空气湿度较低，叶面干燥时，喷施肥液，这时喷施效果明显。

25. 空气湿度对蔬菜的生长发育有何影响？

栽培设施内的土壤湿度和空气相对湿度，与露地有很大不同。设施内空间小，气流比较稳定，蒸发量大，不易与外界空气对流。特别是以塑料薄膜为覆盖材料的设施，由于薄膜的不透气性，空气相对湿度经常处于或接近饱和状态。而且空气相对湿度与温度之间呈负相关，与土壤湿度呈正相关。空气相对湿度、土壤湿度和土壤温度之间，是相互影响，相互制约的。

蔬菜的正常生长发育，需要一定的空气湿度，各种蔬菜对空气相对湿度的要求有所不同，可分为以下几种类型：

(1)**湿润型蔬菜**　该类蔬菜的适宜湿度为85%～90%，主要有芹菜、生菜、甘蓝和花椰菜等。

(2)**半湿润型蔬菜**　该类蔬菜的适宜湿度为70%～80%，主要有黄瓜、丝瓜、苦瓜和根菜类(胡萝卜除外)。

(3)**半干燥型蔬菜**　该类蔬菜的适宜湿度为55%～65%，主要有茄果类、菜豆、豇豆和扁豆等。

(4)**干燥型蔬菜**　该类蔬菜的适宜湿度为45%～55%，主要有西瓜、甜瓜、西葫芦和葱蒜类(韭菜除外)。

26. 过高的湿度对蔬菜会造成什么危害？

适宜的空气湿度有利于蔬菜的生长发育，湿度过高或过低都会对蔬菜造成危害。由于棚室的空气湿度主要表现为偏高，除水生蔬菜和食用菌外，对大多数蔬菜不利。许多病菌都是在这种条件下繁殖生长、传播蔓延造成危害的。因浇水量和浇水时间不合适，气温低时会引起棚室内湿度过高。高湿度危害的症状是：

(1)**抑制植株的正常蒸腾作用**　植株蒸腾量少，根系吸收水分受到抑制，生长缓慢，养分吸收受阻。一些幼嫩的组织或器官易因养分缺乏而发育不良。另一方面，高温时，棚室内湿度过高会使植株散热能力下降，容易造成植株被烧伤。

(2)减缓土壤中正常的水循环 长时间高湿时，植株和土壤的水循环减缓，土壤因缺氧，而抑制根系的生长和微生物的正常分解作用，易造成沤根或脱肥。

(3)造成落花落果 高湿使花粉授粉前，因吸水过多而发生破裂，丧失受精能力，容易导致落花和落果。

(4)加重病害的发生 高湿还可以诱发和加重病害的发生，对蔬菜的产量和质量带来不利的影响。

27. 土壤湿度不当对设施栽培蔬菜有何危害?

(1)蔬菜的喜湿性分类

不同的蔬菜，因其根系的吸水能力和吸水范围不同，故对土壤湿度的要求也不同。据此，可将蔬菜分为以下两大类型：

①喜湿型蔬菜 该类蔬菜根系入土浅，吸水范围小，要求土壤保持较高的湿度。这类蔬菜主要有黄瓜、辣椒、花椰菜、芹菜和莴苣等。

②耐旱型蔬菜 该类蔬菜的根系入土较深，吸水范围较大，耐旱性强，对土壤湿度要求不高。这类蔬菜主要有西瓜、甜瓜、冬瓜、丝瓜、番茄、茄子、西葫芦和菜豆等。

(2)蔬菜在不同生育期有不同的湿度要求 蔬菜在不同的生育期，对土壤湿度有不同的要求。苗期根系吸收水分能力弱，要求土壤湿度稍高；发棵期，要控水蹲苗促根；结果盛期，对喜湿性蔬菜要勤浇水，使表土层湿度保持在85%左右；对耐旱性蔬菜，此期不宜供水过多。

(3)土壤湿度不当对蔬菜的危害

①**土壤湿度过高的危害** 土壤湿度过高，低温时，对蔬菜易造成湿害，其主要症状是：

第一，降低地温和土壤含氧量，妨碍根系伸长生长，入土浅，根系小，严重缺氧时易造成烂根。

第二，抑制土壤微生物的分解活动，肥料转化慢，肥效低，易造成蔬菜脱肥现象的发生。

②**湿度过低的危害** 土壤湿度过低（干旱），气温高时易造成旱害，地上部植株蒸腾量大，失水多，根系吸水较慢而导致植株萎蔫，在强光照时易发生日烧以及卷叶等现象。严重干旱时，叶片黄化干枯脱落，从而导致植株早衰或死亡。

28. 调控湿度的措施有哪些？

(1)空气湿度调控措施

①**提高空气湿度** 灌水、喷水或减小放风量，都可以提高棚室内的空气湿度，一般在移苗、嫁接和定植时进行。为了防止幼苗失水萎蔫，用薄膜和小拱棚可有效地保持较高的空气湿度。

②**降低空气湿度** 蔬菜作物在相对湿度较高的环境中，很容易诱发病害。为了防止病害发生和获得优质高产，根据作物生长发育的要求，控制空气湿度非常重要。其主要措施有：一是通风换气。这是排湿效果的主要措施。二是畦面用地膜覆盖，防止土壤水分向室内蒸发，可以明显地降低空气湿度。进行地膜覆盖，既能保证土壤湿润，又能降低空气湿度，还能提高地温。三是进行植株覆盖。不织布具有透光、透气、吸湿和保温作用，用不织布扣小拱棚或在植株表面覆盖，有一定的保温效果，与地膜相比，它可以透气吸湿，可以降低拱棚内的空气湿度。四是控制浇水。在室内温度较低时，特别是不能通风换气时，应尽量控制浇水，也可采用滴灌或膜下沟灌的方式，减少灌水量和蒸发量。五是加温降湿。寒冷季节，温室大棚内出现低温高湿的情况，又不能放风时，就要应用辅助加温设施，提高温度，降低空气相对湿度，并能防止植株叶面凝结露水。

(2)土壤湿度调控 温室大棚是封闭的小环境，土壤湿度条件主要受灌溉条件控制，应用科学的灌溉技术，合理调节土壤湿度，是保证温室大棚蔬菜优质高产的重要措施。

①适时适量灌水 一般是根据蔬菜等作物种类、生长发育阶段、生长发育状态及土壤水分状况来确定灌水时期及灌水量。灌溉切忌在阴天进行，最好选在阴天过后的晴天进行，并保证浇水后能有一段时间的晴天。一天之内，灌溉要在上午进行，利用中午这段时间的高温使地温尽快提高。浇水后要通风换气，以降低室内的空气湿度。

②采用合理的灌溉方式 主要灌溉方式有畦灌、沟灌和滴灌。畦灌的灌水量较大，不易控制，并且会降低地温和造成土壤板结。这种灌溉方式，常用在需水量较大的蔬菜，如芹菜等，特别是在产品器官的生长盛期。不耐涝蔬菜或冬季和早春地温较低时不宜采用。沟灌，特别是高垄膜下沟灌是温室大棚最常用的灌溉方式。高垄双行，中行有灌水沟，地膜覆盖膜下灌水，可以减少水分蒸发，降低空气湿度，同时地温也不会因灌水而过分降低，有利于根系生长。滴灌是比较先进的灌水方式，省水、省工，效率高；灌水均匀，灌水量容易控制，不降低土壤温度，不破坏土壤团粒结构，可保持良好的通气性，促进植株生长；空气湿度小，病害轻。但这种方式需要一定的设备，成本较高，而且对水源和水质也有较高的要求，还需要一定的技术，目前只能在经济较发达的地区推广应用。

29. 气体对设施蔬菜的养分吸收有何影响？

设施内空气的组成和含量，与露地有明显的差异，这种差异对蔬菜作物产生直接的影响。按照影响结果的不同，可将其分为两大类：一是有利于蔬菜生长和发育的气体，如氧和二氧化碳；二是有害于蔬菜生长发育的有毒气体有：氨气、亚硝酸、二氧化硫和乙烯等。

通气有利于蔬菜作物的有氧呼吸，可产生更多的腺苷三磷酸，供阴离子的吸收之用。在蔬菜生产中，绝大多数蔬菜生长在通气良好的土壤中，吸收养分也较多。因此，应结合中耕松土施肥，促使蔬菜能更好地吸收养分，提高肥料利用率。蔬菜吸收铵离子、硝酸根离子、磷酸根离子、钾离子和镁离子等养分时，氧张力在2%～3%时较适宜。

蔬菜作物不但从土壤中吸收养分，并且其叶绿素在太阳光照射下，吸收二氧化碳和水，合成碳水化合物，同时放出氧气，这就是光合作用。蔬菜干物质大部分是通过光合作用，同化二氧化碳而成的有机物，从根部吸收的养分转化来的仅占5%～10%。因此，二氧化碳气体对蔬菜产品的形成十分重要。

设施蔬菜生产主要是在冬春季节进行，一般通风量小，但施肥量很大，棚室内的二氧化碳浓度与外界有较大差异。设施内的二氧化碳来自有机肥料的分解和蔬菜的呼吸作用，消耗于蔬菜的光合作用。一般说来，设施内是基本独立的二氧化碳环境，但在通风换气时可与外界环境进行气体交换。白天随光合作用的进行，二氧化碳浓度逐渐下降，下降速度随光照条件和蔬菜种类而变化。阳光充足，蔬菜作物健壮，光合作用旺盛，二氧化碳浓度下降得快，有时在见光后1～2小时就可能降到蔬菜二氧化碳补偿点以下。这时若不及时补充二氧化碳，就会使蔬菜光合作用减弱，影响蔬菜的正常生长发育。因此，设施蔬菜栽培中，补施二氧化碳气肥是一项重要的增产措施。

氮肥施入土壤后，在微生物的分解下，产生大量氨气，氨被氧化后形成亚硝酸，再转变成硝态氮，被作物吸收。当有机肥和氮素化肥施用量过大时，硝化细菌的活性降低，而使氨和亚硝酸大量积累于土壤中，并不断释放到空气中。当氨浓度达到5毫克/千克时，便会对蔬菜产生危害。由于施肥后，经微生物分解，先形成氨再氧化成亚硝酸。因此，施肥后3～4天，容易发生氨中毒；施肥后几个月，会发生亚硝酸中毒。

硫元素是蔬菜作物生长发育必需的元素。但是在温室内燃烧煤炭的加温过程中，所产生的二氧化硫和乙烯，到一定浓度时，经1～2小时就会使蔬菜受害。

30. 二氧化碳浓度过大会对蔬菜造成什么危害？

蔬菜的二氧化碳饱和浓度为1 000～1 600毫克/千克，二氧化碳的补偿浓度为80～100毫克/千克，在补偿浓度和饱和浓度之间，二氧化碳的浓度越高，蔬菜的光合作用越强，增产效果越明显。具体浓度应根据光照强度、温度、水肥管理水平、蔬菜生长情况，适当调控二氧化碳施用量、施肥时期及时间。

二氧化碳气体浓度过大或过小的危害症状是：二氧化碳低于补偿浓度时，植株的光合作用减弱，光合产物数量少，植株生长缓慢，落花落果严重，畸形果多，产量低，品质差。一般棚室内二氧化碳浓度低于300毫克/千克时，就要补施二氧化碳气肥。但二氧化碳浓度不能过高，浓度高于饱和浓度时，不仅成本高，还会造成二氧化碳气体中毒。中毒症状是：植株气孔开启较小，水蒸腾作用减缓，叶内的热量不易散出去，而使体内温度过高导致叶片萎蔫、黄化和脱落。对二氧化碳敏感的蔬菜叶片和果实还会发生畸形。此外，二氧化碳浓度过高时，叶片内淀粉积累过多，会使叶绿体遭到破坏，反而会抑制光合作用的进行。

31. 有害气体对蔬菜会造成什么危害？

棚室内由于化肥、高分子塑料制品、化工产品等使用量大，加之冬季温度低时生火加温等原因，向棚室空气中散发出许多有害气体。在密闭的温室内，有害气体积累到一定的浓度时，便会对蔬菜产生危害。植株受害时，轻者叶片褪绿、卷曲，重者落花落果，甚至整株死亡。由于有害气体的流动性大，发生危害时，往往大面积蔬菜死亡，危害极大。各种有害气体的危害症状如下：

(1)氨气的危害症状 危害一般是先从下部叶片开始。叶片受害后，首先呈水浸状，无光泽，接着颜色变为褐色，最后枯死。危害轻时，仅叶缘干枯。多数蔬菜对氨气反应敏感，其中黄瓜和番茄的反应尤为敏感。

(2)亚硝酸气体的危害症状 亚硝酸气体对植株的中部叶片产生危害重，上部嫩叶和下部老叶受害较少。中部叶片气孔部分被漂白褪色，继而除叶脉外，全部叶肉组织变为白色，最后枯死。茄子、番茄对亚硝酸气体反应敏感。

(3)二氧化硫气体的危害症状 温室产生二氧化硫的主要原因是燃烧了含硫量较高的煤炭。这种气体对蔬菜作物危害很大，含量达到0.2毫克/千克时，经过3～4天，有些作物就表现出受害症状；含量达到1毫克/千克左右，经4～5小时，敏感作物就表现出明显的受害症状；含量达到10毫克/千克时，大部分蔬菜作物会受害。二氧化硫主要危害叶片，生理活动旺盛的叶片最先受害。受害叶片的叶缘和脉间首先出现斑点，进而褪色，轻者仅叶背面出现斑点，重者整个叶片呈水浸状，逐渐褪绿凋萎。叶片斑点的颜色因蔬菜而异，黄瓜、番茄、辣椒等菜的叶片斑点呈白色，茄子叶片的斑点呈褐色。高温、强光和土壤水分多的棚室中的蔬菜作物，白天受危害严重。

(4)一氧化碳气体的危害症状 棚室内的一氧化碳是由于加温时煤炭燃烧不完全而产生的一种毒气，浓度高时，会对蔬菜作物叶片组织产生漂白作用，使叶片白化或黄化，严重时造成叶片枯死。

(5)乙烯和磷苯二甲酸二异丁酯气体的危害症状 农用薄膜的主要成分为聚乙烯或聚氯乙烯树脂及其中的一些添加剂，如磷酸二甲酸二异丁酯和乙烯。这两种气体对蔬菜产生危害的浓度很低。

乙烯发生危害时，植株矮化，茎节粗短，侧枝生长加快，叶片下垂、皱缩，失绿转黄而脱落，花器、幼果易脱落，果实畸形等。番茄、辣椒和茄子对乙烯反应敏感，而黄瓜、菜豆、西葫芦和西瓜对乙烯有一定的忍耐性。磷酸二甲酸二异丁酯发生危害时，叶片边缘及叶脉间的叶肉部分先变黄，后变白，而后枯死，严重者全株受害。

32. 设施内二氧化碳浓度的调控方法有哪些？

设施内二氧化碳浓度的调控，主要是采用人工补施方法，增加二氧化碳，供蔬菜作物吸收。二氧化碳的来源和施用方法很多，在设施内应用比较好的方法有：

(1)**液化法**　如果二氧化碳是制造酒精的副产品时，则可以把它压入钢瓶中备用。施用时，打开瓶栓，即可把二氧化碳放出。每天早晨10平方米苗床释放15～20克即可。如果幼苗定植在棚室内，并覆盖有小拱棚，则施用二氧化碳时更为经济。采用此法施用二氧化碳时，一定要注意二氧化碳的浓度在99%以上，不可混入乙烯等有害气体。

(2)**固体法**　将一定重量的固体二氧化碳放入棚室内，固体二氧化碳吸热挥发出气体二氧化碳。该方法操作简单，用量易控制，效果较好。但贮运不方便，成本高，且对人体易产生低温危害，需要加以防止。

(3)**燃烧法**　这是采用燃烧碳氢化合物而产生二氧化碳供棚室蔬菜吸收利用的方法。所用的燃烧物为天然气、丙烷、石蜡和液化石油等。此方法要严格控制有害气体硫化氢和二氧化硫的危害。

(4)**化学反应法**　这是利用酸和碳酸盐发生化学反应放出二氧化碳气体，供设施蔬菜吸收和利用的方法。该方法虽然费工，且二氧化碳浓度不易控制，但由于取材方便，成本低，方法简单，农民易于接受，因而应用广泛。

(5)增施有机肥法 在目前的生产条件下,补充二氧化碳气体比较现实的方法是在棚室内增施有机肥料,通过有机肥料的腐解,释放出二氧化碳气体。一吨有机物最终能释放出1.5吨二氧化碳。施入土壤中的有机肥和覆盖地面的稻草和麦糠等有机物在腐解过程中,均能产生大量二氧化碳。二氧化碳施肥效果受多种因素的影响,在施用中应根据具体气候条件及蔬菜作物的长势与需求,配合其他管理技术,进行综合调控,才能达到预期效果。

33. 防止有害气体危害设施蔬菜的调控措施有哪些?

(1)氨气调控 氨气中毒现象,在设施栽培中时有发生。为了防止氨气中毒,在设施内施肥时要特别注意施用充分腐熟的有机肥,不能施用未腐熟的鸡粪、猪圈粪、饼肥及其他易产生氨气的有机肥。有机肥宜做基肥,在定植前深施深翻,并且要留有7～10天的烤地时间,以促使有机肥充分腐解转化,并且施用量要适中。要尽量与磷肥混合施用,以增加土壤对氨的吸收量。要科学地施用氮素化肥,冬季在密闭的日光温室内宜施用硝酸铵,少施用或不施用尿素和易挥发的氮肥。

(2)亚硝酸气体调控 氮素化肥用量要适中,追肥时,一次用量不能太大。要深施,施后盖土浇水。或采取膜下施肥的方法,以减少亚硝酸气体的散失量。施肥后,要注意增加通风量。如果用pH试纸检查棚室内水滴的pH值低于6.0时,则表明亚硝酸气体浓度偏高,可按每100平方米施100千克石灰的用量,在地表撒施生石灰,以提高土壤的pH值,促进土壤的硝化作用。

(3)二氧化硫和一氧化碳调控 选用含硫低的优质煤炭,并使煤炭充分燃烧,尽量减少一氧化碳气体的产生。烟道要密封好,并做好温室的通风换气工作,防止燃烧时产生的一氧化碳和二氧化硫气体溢漏排放在温室当中。

(4)乙烯等气体调控 在建造蔬菜栽培大棚温室以及进行设施蔬菜生产时，要选用无毒塑料薄膜和制品。同时，要经常通风换气，及时将存在于设施中的乙烯等有毒气体排除出去。

34. 施肥对土壤生态环境有何影响？

土壤生态环境，主要是指与蔬菜生长发育关系密切的土壤理化性状。如土壤的酸碱度、通透性、含盐量、养分的有效性等。设施蔬菜栽培是高度集约化的栽培，除选择适宜的地块建造棚室外，主要是通过施肥浇水等管理措施来培肥和改良土壤，并有效地调控土壤生态环境，为蔬菜生长发育创造良好的生态环境。培肥土壤，改善土壤生态环境，最基本的措施是增施有机肥料。有机肥和无机化肥配合使用，是比较有效的调控措施。

(1)有机肥的培肥改土作用

①**有机肥料养分齐全** 许多养分可以直接被蔬菜作物吸收利用。新鲜畜禽粪中，各种无机养分的有效性，以钾的有效性最高，磷次之，氮较低。增施有机肥，可解决缺磷少钾和微量元素不足的问题。

②**有机肥能增加有机质的积累** 有机肥施入土壤后，逐渐形成腐殖质，不仅直接供给蔬菜作物营养，而且其胶体能和多种离子形成各种螯合物，减少土壤对磷及锌、铁等微量元素的固定，提高其有效性。

③**有机肥能改善土壤的理化性状** 土壤施入有机肥后，形成微团聚体，可提高土壤的缓冲能力，从而提高土壤供肥保肥性、稳温性、酸碱性和保湿供水性等性能。同时，还能提高土壤酸性物质的活性，促进难溶性养分向有效性养分转化，从而提高土壤的肥力。

④**有机肥能避免和缓解土壤溶液浓度障害** 有机肥属缓效性肥料，施入土壤后需经微生物分解矿化形成无机态养分后，才能被蔬菜根系吸收和利用。因此，其养分释放速度慢，可持续时间长，

不易产生土壤溶液浓度障害。还可对有效养分释放速度快的化肥起到缓解作用。

⑤有机肥能提供二氧化碳气肥 有机肥除供给氮磷钾等养分外,它在分解过程中还释放出二氧化碳,成为设施蔬菜光合作用原料的重要来源。生产实践证明,增施有机肥,蔬菜作物抗逆性强,病虫害轻,产品数量高,品质好。

(2)化肥的增效作用 根据土壤肥力和蔬菜需肥特性而生产的各种复合专用肥,因其有效成分含量高,速溶速效,易于被蔬菜吸收利用,所以常被用来作基肥、种肥和追肥用,为蔬菜优质高产发挥重要的增效作用。

在设施蔬菜栽培人工施肥的过程中,土壤理化性质较易改变。这种改变同时存在着向有利或不利于蔬菜作物生长发育方面发展的可能。当前,设施菜田施肥中存在的主要问题是,氮素化肥超量,磷肥高量,钾肥少量,有机肥低量,微量元素肥料痕量,因而造成土壤有机质含量低,氮磷钾比例失调,微量元素不足,土壤理化性状变坏,板结酸化或次生盐渍化现象严重等不良现象。

35. 土壤盐量过高对蔬菜有何危害?

温室大棚蔬菜栽培下的土壤,具有两个特点:一是所施入的肥料,部分为蔬菜作物吸收利用,而未被吸收利用的养分则全部留存在土壤中,使土壤溶液浓度比露地土壤高得多。二是土壤中的水分,由于毛细管的作用而总是向上移动,使盐分向土壤表层聚集,因而导致土壤盐渍化。种植在这种盐含量过高土壤上的蔬菜作物,会受到严重的盐害。由于土壤溶液的渗透压太高,蔬菜根部对水分和养分吸收困难,影响蔬菜作物的正常生长发育,严重时会导致烧根和死苗。

盐害的症状:蔬菜植株矮小,分枝少,叶色深绿,无光泽,叶面积小;严重时叶色变褐或叶缘有波浪状枯黄色斑点,下部叶片反卷或下垂;由下至上逐渐干枯脱落;植株生长点色暗,失去光泽,最后萎缩干枯;容易落花落果;根系变褐坏死;同时,还可造成植株吸水受阻和缺乏钙素等养分,加重植株生长不良的程度。

36. 土壤盐害的调控措施有哪些?

针对土壤盐害,在施肥技术上要力求趋利避害,实施以克服或缓解土壤盐害为主体的施肥技术体系,达到既有利于当季、当年蔬菜的优质高产,又有利于防止土壤盐渍化,调节土壤中盐类浓度的措施有以下几种:

(1)**增施有机肥料** 最好施用纤维素多的即碳氮比高的有机肥。有机物在腐解过程中,会形成腐殖酸等有机胶体,这种胶体有很强的吸附特性,能把可溶性矿质养分,如铵离子、钾离子、钙离子等阳离子吸附在自己的周围。这种吸附是动态的。当土壤溶液浓度降低时,又会释放到溶液中。因此,增施有机肥,可增强土壤的养分缓冲能力(即调节能力),防止盐类积聚,延缓土壤的盐渍化过程。

(2)**合理施用化肥** 根据土壤肥力状况及种植蔬菜的种类和产量,确定施肥量、施肥时期和施肥方法。不可偏施氮肥,并且要避免多年施用同一种化肥,特别是含有氯或硫酸根等副成分的肥料。施肥时,应沟施或穴施,或随水冲施。

(3)**深耕土壤** 设施土壤的盐分主要集中在土壤表层,在蔬菜作物收获后,进行土壤深翻,把富含盐分的表土翻到下层,把相对含盐量较少的下层土壤翻到上面,可降低土壤表层的盐分含量。

(4)**以水排盐** 在夏季,待蔬菜收获后,揭去薄膜,让土壤淋雨,这是消除土壤盐分障碍简便易行的有效措施。或者在高温季节进行大水漫灌,地面覆盖地膜,使水温升高,这不仅可以洗盐,还可以杀死病菌,有利于下茬蔬菜的优质高产。

(5)**基肥深施,追肥限量** 用化肥作基肥时要进行深施,作追肥时要尽量“少吃、多餐”。施用硝酸铵、尿素、磷酸二铵和硝酸钾等肥料，或以这些肥料为主的复合肥料，可以减轻盐分积累。最好将化肥与有机肥混合施于地面，然后进行深翻。追肥一般很难深施，应严格控制每次的施肥量，宁可用增加追肥次数的办法来满足蔬菜作物对养分的需求，也不能一次施肥过多。

(6)**进行根外追肥** 在温室大棚栽培蔬菜时，由于根外追肥不会造成土壤盐分浓度增加，故应大力推广应用。特别是尿素、过磷酸钙、磷酸二氢钾及一些中量、微量元素肥料，作为根外追肥的肥料都是适宜的。

(7)**生物排盐** 在夏季设施休闲时，种植玉米、绿肥作物和牧草等作物，吸收土壤中剩余的肥料，可以降低土壤的含盐量。也可以种植较耐盐的蔬菜，如菠菜、甘蓝、芹菜、韭菜、茄子、番茄和莴苣等，同样可以排除部分土壤含盐量。

(8)**地面覆盖** 用地膜或麦秸、稻草等物进行地面覆盖，可改变土壤水分运动方向；加强中耕松土，可以切断土壤的毛细管。以上做法，均可防止土壤表层盐分积累。

(9)**换土除盐** 当土壤表层含盐量太高时，可更换表层土，或搬迁设施，避开盐害。

37. 土壤连作障碍对蔬菜有什么危害？可采取哪些调控措施避免连作危害？

(1)**土壤连作障碍** 由于设施栽培蔬菜仅限于黄瓜、西葫芦、番茄、芹菜、油菜、茄子、辣(甜)椒、韭菜、莴苣和甘蓝等10余种蔬菜，不可能像露地蔬菜那样在大面积的土地上实行轮作。因此，设施蔬菜栽培的连作障碍比露地要严重得多。集中表现在以下几个方面：

①**土传病原菌增多** 蔬菜有许多靠土壤传播的病害，如番茄的青枯病和早疫病，瓜类蔬菜的炭疽病和枯萎病，菜豆的叶枯病，十字花科蔬菜的软腐病和根肿病等，由于这些病害病原物的寄主

作物经常栽培在同一块设施土地上，造成病原菌大量积累，致使病害越来越严重。

②土壤害虫增加 设施蔬菜的害虫，主要有线虫、根蛆(种蝇、葱蛆)等。由于多年连作，特定的食物导致某一害虫种群的大量繁殖，从而引起害虫的猖獗发生。

③养分缺乏和比例失调 由于每种蔬菜对各种养分都有自己特定的需求，因此出现了选择性吸收，从而导致某些养分的过度缺乏，使蔬菜发生相应的缺素症状。

(2)避免连作障碍的调控措施 为解决土壤连作障碍问题，可采取以下调节措施：

①实行轮作倒茬 在温室大棚内实行几种蔬菜作物轮作倒茬，特别是简易温室大棚与露地之间实行轮换栽培，能减轻病虫害的发生。

②嫁接换根 以抗病性强的蔬菜种类或品种作砧木，以栽培品种作接穗，进行嫁接育苗，提高植株的抗病性。如黄瓜嫁接可防止黄瓜枯萎症，番茄嫁接苗可以防止根腐病等土传病害的发生。

③进行土壤消毒 土壤消毒的方法有两种，一种是太阳能消毒，一种是化学药剂消毒。后者常用以下两种药剂消毒：一是甲醛(40%)，又称福尔马林。用于温室大棚或苗床土壤消毒，使用浓度为50～100倍液。将棚室内的土壤翻松，用喷雾器将药剂均匀喷洒在地面上，然后再稍翻一翻，使耕作层土壤都能蘸着药液，并用塑料薄膜覆盖地面保持2天，使甲醛充分发挥杀菌作用。以后揭开塑料薄膜，打开门窗，使甲醛蒸气散发出去，两周后即可使用。二是硫黄粉。用于温室大棚消毒，防治白粉病和红蜘蛛等。一般在播种前或定植前2～3天进行熏蒸。具体方法是，每333平方米棚室，用硫黄粉250克，干锯末500克，将两者搅拌均匀，放在几个盆器里，再将盆器分散放在温室内的几处地方，然后点燃，熏蒸时要关闭门窗，熏蒸一夜即可。第二天上午通风，放出有害气体。

④合理施肥 多施完全腐熟的有机肥，少施化肥；还可将有机肥和化肥配合施用，均衡供应养分，提高土壤保肥供肥能力。生产实践表明，增施充分腐熟的有机肥料是防止土壤连作障碍的有效措施之一。

38. 土壤酸化对蔬菜有何危害？有哪些调控措施？

(1)土壤酸化对蔬菜的危害 土壤酸化是指土壤的 pH 值明显低于 7.0，土壤溶液呈酸性反应。引起土壤酸化的原因比较多，但最主要的是施肥不合理。在设施菜田中，经常大量施用氮素肥料，氮肥分解后形成硝酸根离子，积累于土壤中，使之酸化。同时大量施用酸性或生理酸性肥料，如硫酸铵、氯化铵、氯化钾和硫酸钾等，也会加重土壤酸化。土壤酸化对蔬菜不良影响的程度，因土壤酸化程度及蔬菜耐酸能力而不同。一般土壤酸化程度越重，蔬菜耐酸能力越弱，危害越重。土壤酸害的症状如下：

第一，直接破坏根的生理机能，导致根系死亡。

第二，降低土壤中磷、钙、镁等元素的有效性，使蔬菜对这些元素的吸收率降低，导致缺素症状的发生。

第三，抑制土壤微生物的活动，使肥料分解、转化速度减缓，肥效降低，容易发生脱肥现象，引起蔬菜植株早衰。

(2)避免或减少土壤酸化的调控措施

①合理施肥 应用养分平衡施肥技术，对含氮量高的有机肥和化肥，采用少量、多次的施肥原则，每次施用量要适中。对已经产生酸害的菜田，少用或不用酸性与生理酸性肥料，或采取淹水法洗酸，或撒施石灰中和土壤酸度，或多施已经充分腐熟的有机肥料，少施化肥，提高土壤的缓冲能力和抗酸害的能力。

②搞好栽培管理 加强田间水肥管理，勤中耕松土，促进蔬菜根系发育，提高根系的吸收能力。

三、蔬菜设施栽培常用的肥料及施肥方法

39. 对设施蔬菜施用有机肥有何重要作用?

在蔬菜生产中,特别是无公害蔬菜生产中,有机肥的使用起着不可替代的作用。

(1)**提供大量的无机和有机养分** 有机肥含有多种养分,并且养分的有效性高。它不仅含有氮、磷、钾等大量元素,还含有钙、镁、硫及各种微量元素。在其腐解过程中能释放出大量的二氧化碳气体,改善作物的碳素营养状况,这在设施蔬菜栽培中更为重要。

另外,在有机肥中,氮素是以有机态氮为主,无机态氮含量较少。其中氨基酸、核酸和核苷酸均能被植物直接吸收。有机肥中的腐殖质对种子萌发、根系的生长有刺激作用,因此,可增强蔬菜作物的呼吸作用和光合作用,从而提高蔬菜的产量和品质。

(2)**改良土壤,培肥地力** 有机肥是有机物、无机物和具有生命的微生物的混合物。有机肥富含有机质,在微生物和酶的作用下,形成的腐殖质和黏粒在一起,把分散的土壤颗粒变成稳定的团粒结构,从而提高了土壤保水、保肥、稳温和通气的性能,改善了土壤的物理、化学和生物特性,增加了土壤有机质含量,增强了土壤缓冲性能,为蔬菜生长发育创造良好的生态环境。

(3)**提高土壤养分的有效性** 施用有机肥,除直接增加土壤养分外,有机肥中含有多种酶,在腐解过程中增加土壤酶的活性,提高土壤微生物群体数量,有利于土壤有机物质的分解和难溶性养分的有效性转化。有机肥中还含有多种糖类、脂肪等有机化合物,

它们是土壤微生物生命活动的能源，可促进各类微生物的生长发育。同时有机物在转化中形成的有机酸和二氧化碳，也使土壤中无效态的养分有效化，对土壤中磷素的影响尤为明显。

40. 在设施蔬菜栽培中怎样施用人粪尿？

人粪、尿，有机物占鲜重的5%～10%，含氮量为0.5%～0.8%，其中70%～80%的氮素呈尿素态，易被蔬菜吸收利用，肥效快，含磷量为0.2%～0.4%，含钾量为0.2%～0.3%。人粪尿经充分腐熟后，用做基肥，适用于各种蔬菜；人粪尿与作物秸秆或其他杂草混合，经高温发酵沤制，做基肥效果更好。特别是对叶菜类蔬菜，如白菜、甘蓝、菠菜和韭菜等肥效明显。不要把人粪尿晒成粪干，既损失氮素又不卫生；不要把人粪尿和草木灰、石灰等碱性物质混合沤制或施用，以防氮素损失；也不宜在瓜果类蔬菜上使用太多的人粪尿，以防过量的氯离子造成瓜果品质下降；在次生盐渍化的设施内，一次施用人粪尿不能太多，以免产生盐害；没有腐熟过的人粪尿，禁止在蔬菜上使用。

41. 在设施蔬菜栽培中怎样施用畜、禽粪肥料？

(1)畜粪施用 包括猪、牛、马、羊等家畜的粪便，经过充分腐熟后，可用作基肥。

①猪粪施用 猪粪的有机物含量为15%，氮含量为0.5%～0.6%，磷含量为0.45%～0.6%，钾含量为0.35%～0.5%。猪粪是优质的有机肥料。在堆积沤制过程中，不能加入草木灰等碱性物质，以避免氮素损失。

②马粪施用 马粪的有机物含量为21%，氮含量为0.4%～0.55%，磷含量为0.2%～0.3%，钾含量为0.35%～0.45%。马粪质地粗松，其中含有大量的高温性纤维分解细菌，在堆积中能产

生高温，属热性肥料。骡、驴粪性质与马粪相同。腐熟好的马粪可做蔬菜早春育苗温床的加热材料，也可做秸秆堆肥或猪圈肥的填充物，以增加这些肥料中的纤维分解细菌，从而加快腐熟。

③牛粪的养分 牛粪的有机物含量为20%左右，氮含量为0.34%，磷含量为0.16%，钾含量为0.4%。

④羊粪的养分 羊粪的有机物含量为32%左右，氮含量为0.83%，磷含量为0.23%，钾含量为0.67%。

(2)禽粪施用 禽粪是鸡粪、鸭粪、鹅粪和鸽粪等的总称。其有机物和氮、磷、钾养分含量都较高，还含有1%～2%的氧化钙。

①鸡粪施用 鸡粪的有机物含量为25.5%，氮含量为1.63%，磷含量为1.54%，钾含量为0.85%。施用新鲜的鸡粪容易产生地下害虫，又容易烧苗，而且其尿酸态氮还对蔬菜根系生长有害。因此，鸡粪必须充分腐熟后才能施用。鸡粪多用于蔬菜和其他经济作物种植上。鸡粪与其他禽粪一样，属于热性肥料。

②鸭粪的养分 鸭粪的有机物含量为26.2%，氮含量为1.1%，磷含量为1.4%，钾含量为0.62%。

③鹅粪的养分 鹅粪的有机物含量为23.4%，氮含量为0.55%，磷含量为0.5%，钾含量为0.95%。

④鸽粪的养分 鸽粪的有机物含量为30.8%，氮含量为1.76%，磷含量为1.78%，钾含量为1.0%。

42. 在设施蔬菜栽培中怎样施用饼肥？

饼肥包括棉籽饼、大豆饼、芝麻饼、菜籽饼和蓖麻饼等，是优质有机肥料。饼肥养分齐全，含量较高，肥效快，适用于各种土壤及多种作物，更适用于设施蔬菜做基肥和追肥。为了使饼肥尽快发挥肥效，用做基肥时应将饼肥碾碎，在定植前2～3周施入设施菜田后耕翻整地，让其在土壤中有充分腐熟的时间。做追肥用时，必须充分腐熟后方可施用。这样，才有利于蔬菜尽快地吸收利用。

一般宜与堆肥、厩肥同时堆积或捣碎浸于尿液中，经 3～4 周充分发酵后制成肥液作追肥用。对茄果类蔬菜增产效果明显。主要饼肥的营养成分如下：

(1)棉籽饼 氮含量为 3.44%，磷含量为 1.63%，钾含量 0.97%。

(2)大豆饼 氮含量为 7%，磷含量为 1.32%，钾含量为 2.13%。

(3)芝麻饼 氮含量为 5%～6.8%，磷含量为 2%～3%，钾含量为 1.3%～1.9%。

(4)蓖麻饼 氮含量为 5%，磷含量为 2%，钾含量为 1.9%。

(5)菜籽饼 氮含量为 4.6%，磷含量为 2.48%，钾含量为 1.4%。

(6)花生饼 氮含量为 6.32%，磷含量为 1.17%，钾含量为 1.34%。

(7)葵花籽饼 氮含量为 5.4%，磷含量为 2.7%，钾含量为 1.5%。

43. 在设施蔬菜栽培中怎样施用厩肥和堆肥？

(1)厩肥的施用 厩肥是家畜粪、尿和各种垫圈材料混合积制而成的肥料，也称圈肥。厩肥的成分随家畜种类、饲料成分、垫圈材料的种类和用量，以及饲养条件而不同。

一般厩肥平均含有机物 25%，含氮约 0.5%，含磷 0.25%，含钾 0.6%。每吨厩肥平均含氮约 5 千克，磷 2.5 千克，钾 6 千克，相当于硫酸铵 25 千克，过磷酸钙 18 千克，硫酸钾 12 千克。

新鲜厩肥中的养分，主要是有机态的纤维素、半纤维素等化合物，碳氮比较大，必须经过堆积腐熟后，才能被蔬菜吸收利用。厩肥中含有丰富的有机物，常年大量施用，可在土壤中积累较多的有机质，改良土壤理化性状，培肥地力，提高土壤熟化度。是设施蔬菜栽培适宜的有机肥品种，既可作基肥，又可作追肥，还可作苗床土和营养土的配料，可与化肥配施和混施。主要厩肥的养分含量如下：

①**猪厩肥的养分** 含水量为72.4%，有机物含量为25%，氮含量为0.45%，磷含量为0.19%，钾含量为0.6%，氧化钙含量为0.08%，氧化镁含量为0.08%。

②**牛厩肥的养分** 含水量为77.5%，有机物含量20.3%，氮含量为0.34%，磷含量为0.16%，钾含量为0.4%，氧化钙含量为0.31%，氧化镁含量为0.11%。

③**马厩肥的养分** 含水量为71.3%，有机物含量为25.4%，氮含量为0.58%，磷含量为0.28%，钾含量为0.53%，氧化钙含量为0.21%，氧化镁含量为0.14%。

④**羊厩肥的养分** 含水量为64.6%，有机物含量为31.8%，氮含量为0.83%，磷含量为0.23%，钾含量为0.67%，氧化钙含量为0.33%，氧化镁含量为0.28%。

(2)堆肥的施用 堆肥是以秸秆、落叶和杂草等为主要材料，添加一定量的人、畜粪尿和细土等配料，堆沤而成的肥料。堆肥因堆沤温度不同可分为两类：普通堆肥和高温堆肥。一般堆肥中有机物含量丰富，碳氧化值低，养分多为速效状态。堆肥中含钾较多，在缺钾的设施菜地及喜钾蔬菜生产中作基肥施用，不仅能提高产量，而且还能改善品质。堆肥的营养含量如下：

①**普通堆肥的养分** 有机物含量为15%～25%，氮含量为0.4%～0.5%，磷含量为0.18%～0.26%，钾含量为0.45%～0.7%。

②**高温堆肥的养分** 有机物含量为24%～48%，氮含量为1.1%～2%，磷含量为0.3%～0.82%，钾含量为0.47%～2.53%。

44. 在设施蔬菜栽培中怎样施用沼肥？

将作物秸秆，人、畜粪尿和杂草等各种有机物料，放入密闭的沼气地内，经嫌气细菌作用，发酵制取沼气后所剩的残渣和沼液，即为沼肥。沼肥的养分状况因原料、发酵条件而异。

沼渣的含氮量为1.25%，含磷量为1.9%，含钾量为1.33%。沼液的含氮量为0.39%，含磷量为0.37%，含钾量为2.06%。

沼肥除含氮、磷、钾外，其有机碳含量高于堆肥，而且沼渣所含腐殖质、纤维素和木质素等物质，均比堆肥丰富，因而沼渣有较好的改土作用。沼液可直接用于设施栽培蔬菜的追肥，随水冲施或沟施均可，也可做叶面肥喷施。沼渣还可以直接作基肥用，按照沼渣：草皮土：磷矿粉为100：40：10比例混匀，堆沤30天左右后，用作菜田基肥，增产效果明显。

45. 在设施蔬菜栽培中怎样施用氮肥？

按氮肥中氮素存在的主要形态，可分为铵态氮肥、硝态氮肥、酰胺态氮肥等。不同形态的氮肥，化学性质不同，在土壤中的转化过程，作物吸收利用形式，对土壤肥力的影响以及氮的利用率等均有差异。因此，要根据氮肥性质、土壤条件、蔬菜需氮特性等进行合理选择和科学施用。

(1)铵态氮肥的性状及施用 铵态氮肥中的氮素是以铵离子的形式存在的，如硫酸铵、碳酸氢铵、氯化铵等肥料易溶于水，在土壤溶液中，其氮素即以铵离子形态存在，可直接被土壤胶体吸附或被蔬菜直接吸收利用，因此肥效快。但在土壤硝化细菌和亚硝化细菌的活动下，铵态氮易转化成硝态氮。由于硝酸根离子不易被土壤胶体所吸附而易淋失，而且遇到碱性物质还易造成氨的挥发损失，因此，铵态氮肥在盐碱性土壤表层施用，很容易造成氨的挥发或对蔬菜造成氨中毒，尤其在设施栽培中施用时，应深施与覆

土,或随水冲施,并注意防风。主要铵态氮的施用方法如下:

①硫酸铵的性状及施用 硫酸铵含氮量20%~21%,含硫25.6%,简称硫铵。硫铵为白色或微黄色晶体,物理性质稳定,分解温度高,不易吸湿,易溶于水,肥效迅速而稳定,是一种生理酸性肥料。可做基肥、追肥施用,施后要覆土或浇水。每667平方米每次用量为15~20千克。

硫铵还含有硫,也是一种重要的硫肥品种。在长期施用不含硫的高浓度化肥的菜田,尤其对喜硫蔬菜,若土壤缺硫时,硫铵作为一种补充土壤有效硫的重要来源,肥效较为明显。

②碳酸氢铵的性状及施用 含氮量17%,简称碳铵。为白色粉末状结晶或颗粒状,易溶于水,水溶液呈碱性。易吸湿、结块和分解挥发氨。碳铵的潮解是损失氮素的过程,也是造成贮运期间结块和施用后造成灼伤作物的原因。因此,在设施密闭的环境中一般不作追肥用,可作基肥深施到土壤中,每667平方米每次用量为20~25千克。

(2)硝态氮肥的性状及施用 该类氮肥的氮素是以硝酸根离子的形态存在的,如硝酸铵、硝酸钙和硝酸钠等。硝态氮肥易溶于水,以硝酸根离子的形态存在于土壤溶液中,可直接被蔬菜吸收利用。但硝酸根离子不易被土壤胶体所吸附,故易随水移动而淋失。若在土壤缺氧条件下,还会发生反硝化作用,使硝酸酸根离子形成一氧化二氮、一氧化氮、氮气等气体而挥发损失氮素。此外,这类肥料易吸湿,易燃,易爆。因此,在贮运中要注意防潮和防火,不要与易燃物混存。

硝态氮肥在设施蔬菜栽培中,宜作追肥和根外追肥用,应注意少量多次施用,并尽量改善土壤的通气状况。蔬菜是喜硝态氮的作物,硝态氮肥对蔬菜的增产效果好于其他形态的氮肥。但若过量施用,就会造成蔬菜体中硝酸盐的大量积累而危害人体健康。同时,硝态氮易污染土壤、水质与环境,破坏农业生态平衡。

主要硝态氮肥是硝酸铵，其性状及使用方法如下：含氮量为33%～35%，简称硝铵。为淡黄色结晶或白色颗粒状，易溶于水，吸湿性很强，受热时能逐渐分解出氨，具有助燃性和爆炸性。因此，贮运时要避免与易燃物、氧化剂等接触，运输中要作为危险品处理。使用时如遇结块，切忌猛烈锤击，可将其先溶于水后再施用。

硝铵是速效性氮肥，适用于各种土壤和蔬菜，更适用于设施蔬菜栽培作追肥。作追肥时，应采用少量多次，以水冲施的施用方法。每667平方米每次用量为10～15千克。

(3)酰胺态氮肥的性状及施用 这类氮肥是以酰胺态存在的氮素，如尿素，含氮量为46%，易溶于水，施入土壤后，需在微生物分泌的脲酶作用下，水解成铵态氮后，才能被蔬菜吸收利用。因此，肥效较铵态氮和硝态氮肥慢。尿素施入土壤中，以分子态存在时易随水流失。若在脲酶作用下水解成碳酸铵，继续分解为氨水和二氧化碳气体，也会以氨的形式挥发损失。

尿素是设施栽培常用的氮肥品种，可做基肥、追肥和根外追肥施用。对棚室蔬菜可直接用于叶面喷施，易被叶面吸收，肥效快。

尿素中的副成分缩二脲对蔬菜有毒害作用，在设施蔬菜栽培中，做根外追肥或育苗作苗床营养土的肥料时，其缩二脲的含量不能高于0.5%，以免影响种子发芽和烧伤幼叶。尿素做追肥施用时，一次用量不宜过大，每667平方米一次用量为10千克左右。

46. 怎样提高施用氮肥的肥效？

(1)选择适宜的氮肥品种 蔬菜是喜硝态氮肥的，容易吸收硝态氮。如果铵态氮太多，反而会使植株受到伤害。当气温较高时，铵态氮也很快通过硝化作用而转化为易被蔬菜吸收的形态。但转化需要时间，因此肥效不如硝态氮快。在土壤中硝态氮不为土壤胶体颗粒吸附，主要存在于土壤溶液中，移动性比铵态氮大，肥效快并能促进叶菜类蔬菜快速生长，叶片鲜嫩，可提早上市。铵态氮能被土壤胶体吸附，肥效较稳，有利于生长后期叶片的成熟，叶片厚度适宜，颜色好，口味佳。

在氮素化肥中，尿素、硫铵和碳铵适宜于各种土壤和作物。碳铵易挥发，应重点作基肥用；尿素、硫铵作基肥、追肥均可，一般多作追肥。硫铵在酸性土壤上少用，宜使用到缺硫菜田或甘蓝、菜豆等喜硫蔬菜上。硝酸铵在设施蔬菜栽培中适宜作追肥用，但用量不宜过大，以防淋溶损失。

(2)**将氮肥与磷、钾肥或有机肥配合施用** 菜田土壤普遍缺氮，因此氮肥施用量大，肥效也较高。但是，在蔬菜生产上，氮肥的增产效果是在不缺乏其他营养元素的情况下，才能表现出来，因此要做到蔬菜养分平衡施肥。多数蔬菜对钾的吸收量大于对氮的吸收量，设施蔬菜土壤又相对肥力高，更应注意氮、磷、钾及中量、微量元素的配合施用。

(3)**控制氮肥施用量，减轻硝酸盐对蔬菜的污染** 蔬菜氮肥的施用量可用以下公式计算：

蔬菜对氮的总需求量（根据总生物量和氮含量得到总的吸收量）－种植时土壤速效氮含量（土壤分析值）＝施肥应提供的纯氮量

当前棚室蔬菜普遍存在凭经验，盲目施入大量氮肥的现象，一茬日光温室黄瓜每667平方米投入纯氮53～86千克的现象很普遍。

氮肥施用量过大，并不能完全被蔬菜吸收利用，而是积累在土壤中污染土壤和地下水。棚室蔬菜从土壤中吸收大量硝态氮以后，由于受光照、温度、水分、空气和其他养分配合程度等多种因素的限制，不能全部被同化参与氮代谢作用，致使大量硝酸盐在蔬菜体内积累。这种积累对蔬菜本身无害，但被食用后则有害于人类健康。蔬菜中硝酸盐含量与氮素化肥施用量呈正相关。为了降低蔬菜体内硝酸盐的积累，必须控制氮素化肥的施用量。

47. 在设施蔬菜栽培中怎样施用磷肥？

磷肥包括过磷酸钙、重过磷酸钙和钙镁磷肥等。按磷肥的溶解性可分为水溶性磷肥、弱酸（柠檬酸）溶性磷肥和难溶性磷肥三种类型。

（1）水溶性磷肥的性状及施用 磷肥中的磷素易溶于水，能为作物直接吸收利用，如过磷酸钙、重过磷酸钙等。设施蔬菜栽培中，施用最多的磷肥是过磷酸钙、重过磷酸钙，二者为速效性磷肥。

水溶性磷肥施入土壤后，易发生化学固定而降低其肥效，因此应集中施用。作基肥时与有机肥混施，集中施于根系附近，可减少其与土壤接触而增加其与根系的接触面。作追肥时，应早施。根据不同生育期，施于根系密集层。作根外追肥用时，要控制好施用的浓度。主要水溶性磷肥的养分及施用情况如下：

①过磷酸钙的性状及施用 又称过磷石灰，简称普钙。有效磷含量为12%～18%。在其产品中，还有许多副成分，如硫酸钙、硫酸铁、硫酸铝和游离的硫酸与磷酸等。有酸味，腐蚀性强。呈灰白色粉末或颗粒。由于吸湿性强，结块后会降低肥效，故在贮存过程中要注意防潮。适用于各种土壤和作物。由于含有大量的硫酸钙（石膏），因而在盐碱地上施用有改良土壤的作用。可做基肥、种肥和追肥，也可配成水溶液做根外追肥。但主要是做基肥，每667平方米用量为25～50千克。

②重过磷酸钙的性状及施用 含有效磷36%～52%。由于所含有效磷是过磷酸钙的2～3倍，因此又称二料或三料磷肥，简称重钙。重过磷酸钙为灰白色粉末或颗粒，有吸湿性、无副成分，易溶于水，呈酸性反应。不含石膏。性质比普通过磷酸钙稳定，吸湿后不发生磷的退化。物理性能好，便于贮存和使用。适用各类土壤和各种作物。做基肥、追肥均可。每667平方米用量为10～

20 千克。

(2)提高磷肥利用率的方法

磷肥在施用的当季利用率很低，一般只有 10%～25%。有些地方每年施磷肥而土壤中仍然缺磷，这是因为土壤中的水溶性磷形成沉淀，被土壤中的黏粒矿物吸附，或被土壤微生物暂时利用的缘故。

有效磷在各种土壤中移动性都小，大多数集中在施肥点周围 0.5 厘米的范围内。因此，在施肥方法上要减少肥料与土壤颗粒的接触，避免水溶性磷酸盐的化学固定，还要让磷肥置于根系密集的土层，增加根系与肥料的接触，以利于吸收。水溶性磷肥颗粒化，有利于提高其利用率。

将磷肥作基肥、追肥施用时，撒施、沟施或穴施均可。可单独施用，也可将磷肥与有机肥混合，或与氮、磷、钾化肥混合施用。施肥深度以在地表下 10～20 厘米处为宜。磷肥与有机肥混合施用时，磷肥中的速效磷提供了微生物繁殖的能源，有机肥中分解的有机酸促进了难溶性磷的溶解，也减少了磷的固定，特别在石灰性土壤上尤为明显。

蔬菜作物在生育后期，其根部吸收能力减弱，进行根部追肥也很难很快见效，而进行叶面喷施却能及时供给作物所需要的磷养分。根外追肥时，常用的磷肥品种有磷酸二氢钾、磷酸铵、过磷酸钙和重过磷酸钙。磷酸二氢钾和磷酸铵可配成 0.2%～0.3% 的溶液，过磷酸钙则在 100 升水中加 2～3 千克磷肥，浸泡一昼夜，用布滤去渣子，即为喷施水溶液。重过磷酸钙的使用方法和过磷酸钙一样，只是用量要减半。

48. 钾对蔬菜主要有什么作用?

钾，既是作物必需的三大营养元素之一，又是蔬菜生长发育需要量最多的养分之一。氮和钾的吸收比例一般是 1∶1.0～1.2，蔬菜每吸收 1 千克氮素，就要相应地吸收 1～1.2 千克的钾。

钾在植物体内含量很高，一般为干重的 1%～25%。但钾不是细胞内分子的稳定结构部分，在植株体内易流动，从下部老叶流向幼嫩叶片。因此，缺钾症状首先在下部老叶上表现出来。在作物成熟前，钾易从老叶中淋失和从老根中渗出，从而使吸收的钾被损失。钾对蔬菜的主要生理作用如下：

第一，钾能增强光合作用，促进糖和氨基酸的合成与运转；促进生长，提高产量。

第二，钾能提高蔬菜质量，使色泽鲜亮，外形整齐，口感好；提高蔬菜果实的糖酸比和维生素 C 的含量；提高蔬菜产品的耐贮性。

第三，钾能提高蔬菜的抗旱、抗寒能力和抗病性能；提高氮肥增产效果和提高豆类蔬菜的固氮能力；降低蔬菜中可食部分硝酸盐含量，减少污染。

49. 在设施蔬菜栽培中怎样施用钾肥？

适用于设施蔬菜栽培应用的钾肥品种，以硫酸钾为最好，氯化钾次之，国产盐湖钾肥应慎用。

(1)硫酸钾的性状及施用 硫酸钾含氧化钾 48%～52%。为白色或淡黄色结晶，吸湿性小，贮存时不易结块。易溶于水，是化学中性、生理酸性肥料。适用于各种作物，做基肥和追肥均可。由于钾在土壤中流动性差，因此用作基肥较好。施肥深度应在根系集中的土层。做追肥时，应集中条施或穴施到根系密集的湿润土层中，以减少钾的固定，也利于根的吸收。施用量为每次每 667 平方米 10 千克。

(2)氯化钾的性状及施用 氯化钾为白色或粉红色结晶，含氧化钾 50%～60%。吸湿性不大，但贮存时间长或空气中湿度大时也会结块。易溶于水，是化学中性、生理酸性肥料。氯化钾施入土壤后，钾素以离子状态存在，能被蔬菜直接吸收利用，也能与土壤胶体上的阳离子置换，在土壤中移动性小。一般作基肥施用。在缺钾的土壤中做追肥，增产效果也很明显。由于含有大量氯离子，因此在忌氯蔬菜和盐碱地上不宜施用。若必须使用，则要及早施入，以便降雨或浇水时将氯离子淋溶到下层。使用量为每667平方米10千克。

(3)草木灰的性状及施用　草木灰是植物体燃烧后残留的灰分，燃烧完全的草木灰呈灰白色，燃烧不完全的因残留碳粒而呈黑色。草木灰含有多种元素，如钙、钾、磷、镁、硫、铁等，其中以钾和钙的含量较多，含氧化钾5%～10%。草木灰有多种钾盐，主要是碳酸钾，其次是硫酸钾和少量的氯化钾，90%能溶于水，是速效性钾肥。适于各种土壤和作物，可做基肥和追肥，但不能与铵态氮肥混合贮存和使用，也不能和人粪尿、圈粪混合堆腐使用，以免造成氮素挥发损失。

50. 在设施蔬菜栽培中怎样施用钙肥和镁肥?

(1)钙肥的施用　钙是以钙离子的形式被作物吸收的，作物只能通过根尖吸收钙离子。虽然有时土壤中含钙丰富，但植株吸收的速度和数量仍然较小，并且钙离子在植株体内移动性很小。蔬菜是需钙较多的作物，因此常出现缺钙症状。在氮、磷肥施用量较大的设施蔬菜栽培中，施用钙肥也有好的效果。石灰是主要的钙肥，包括生石灰、熟石灰、碳酸石灰三种。此外，还有石膏也可作钙肥。

①生石灰的施用　又称烧石灰，化学名为氧化钙。通常用石灰石烧制而成，含氧化钙90%～96%；用白云石烧制的称镁石灰，含氧化钙55%～85%，含氧化镁10%～40%，兼有镁肥的作用。贝壳类烧制而成的生石灰，含氧化钙47%～95%。生石灰中和土壤酸性的能力很强，可迅速矫正土壤酸度。此外，生石灰还有杀

虫、灭草和土壤消毒的作用。因此,生石灰是设施土壤常用的消毒剂。

②**熟石灰的施用** 又称消石灰,化学名为氢氧化钙。由生石灰吸湿或加水处理而成。营养效果同生石灰,其中和土壤酸度的效果仅次于生石灰。

③**碳酸石灰的施用** 由石灰石、白云石或贝壳类磨细而成。主要成分是碳酸钙,其次是碳酸镁。其溶解度小,中和土壤酸度的能力较缓和而持久。

④**氯化钙和硝酸钙的施用** 绝大多数蔬菜是喜钙作物,在设施番茄、辣椒、甘蓝等出现缺钙症状前,及时喷施0.5%氯化钙或0.1%硝酸钙溶液,具有一定的防治效果。

(2)镁肥的施用 蔬菜也是需镁较多的作物,常用的镁肥有硫酸镁、氯化镁、硝酸镁和氧化镁等。上述镁肥可溶于水,易被作物吸收。此外,有机肥中含有镁,以饼肥含镁最高,豆科绿肥和厩肥次之。镁肥可作基肥或追肥施用,也可作根外追肥用。目前,在设施蔬菜生产中,只要每茬都坚持施用农家肥,一般不会出现缺镁现象。硫酸镁等可溶性镁盐,可在植株出现缺镁症状前进行叶面喷施,浓度为1%左右。

51. 在设施蔬菜栽培中怎样施用硫肥?

含硫肥料种类很多,如硫酸铵、硫酸钾、硫酸钙、硫酸镁和过磷酸钙等。硫是以硫酸根离子的形式被植物吸收的。不同蔬菜需硫量不同,十字花科蔬菜需硫量较高,其次是含蛋白质较高的豆科作物,每生产1000千克蔬菜约需硫0.5～1.0千克,因蔬菜种类而异。

土壤有效硫的临界值一般为6～12毫克/千克,当低于临界值时,作物有可能缺硫。硫在土壤中易随水流失。北方一些菜区的土壤和一些对硫敏感的蔬菜,由于大量元素化肥的施用及化肥品种的更换，也出现了缺硫现象，多数蔬菜对硫肥有良好的效果。目前，在设施蔬菜栽培中，施用较多的硫肥，有硫酸钙（石膏）、硫黄、硫酸铵、硫酸钾、硫酸亚铁等。

（1）**石　膏**　是重要的硫肥，也是碱土理想的改良剂。农用石膏有生石膏、熟石膏和含硫石膏。微溶于水，对于喜钙又喜硫的豆科、十字花科及葱蒜类蔬菜，施用石膏有明显的增产和改善品质的效果。石膏可做基肥或追肥，施用量因土壤和作物而异。

（2）**硫　黄**　硫黄即元素硫，难溶于水，后效期长。施入土壤后，经微生物转化为硫酸盐，才能被作物吸收利用，因此硫黄应早施。大蒜抽薹前，每667平方米大蒜地撒施1～2千克硫黄粉，增产效果明显。

（3）**其他含硫肥料**　硫酸铵、硫酸钾、硫酸亚铁等易溶于水，肥效快，一般在氮、钾、铁肥施用的同时，配合施用，可补充土壤中硫的不足，提高施肥效果。

52. 在设施蔬菜栽培中怎样施用硼肥？

硼在植株体内参与碳水化合物的运输和分配。缺硼时，叶片中形成的碳水化合物，不能被运转出去而大量积累在叶片中，致使叶片增厚。硼还有促进植物分生组织迅速生长的作用。缺硼时，根尖、茎尖生长点分生组织细胞的生长受到抑制，严重缺硼时生长点萎缩坏死。缺硼引起植株体内生长素含量下降，从而抑制营养器官的生长。缺硼植株不能形成正常的花器官，表现为花药和花丝萎缩，花粉粒发育不良，出现“花而不实”现象。此外，硼对加速植株发育，促进早熟和改善品质，也有十分重要的作用。如对黄瓜和番茄施硼肥，可提高维生素C含量。蔬菜常发生缺硼病，如芹菜茎裂病、甘蓝褐腐病、萝卜空心及褐心病、花菜褐化病。蔬菜生产上常用的硼肥有硼砂和硼酸。

（1）**硼　砂**　为白色结晶或粉末，在40℃热水中易溶解，含硼量为11%。

(2)**硼 酸** 性状同硼砂,易溶于水。含硼量为17.5%左右。硼砂和硼酸均可做基肥和追肥,每667平方米施用量为0.5～1千克。追肥宜早施,注意施均匀。根外追施浓度为0.05%～0.1%的硼酸溶液或0.1%～0.3%的硼砂溶液,每667平方米喷施50升溶液,以在作物由营养生长转入生殖生长时期喷施为好。浸种浓度一般为0.01%～0.05%,时间为6～12小时。拌种一般每千克种子用0.4～1克。蘸根为0.1%～0.2%浓度水溶液。硼肥有一定后效,一般可持续3～5年。

53. 在设施蔬菜栽培中怎样施用锌肥?

锌是植物体中碳酸酐酶等一些酶和辅酶的组成成分,也参与植物体内生长素的合成,并影响植株碳、氮代谢和叶绿体的形成,对生殖器官的发育也有影响。如番茄缺锌,花蕾不能正常开放,易脱落,花药不能形成正常的花粉粒。

锌肥是补充土壤和蔬菜体中锌素的重要微量元素。目前,设施蔬菜生产中施用最多的锌肥品种是硫酸锌,其次是氧化锌、氯化锌和硝酸锌等。

硫酸锌,为白色或浅橘红色结晶,易溶于水。含锌量为23%～40%。适用于各种土壤和蔬菜,可做基肥、种肥和追肥,但主要用于种子处理和根外追肥。浸种为0.02%～0.05%浓度的溶液。拌种每千克种子用2～6克。根外追肥浓度为0.2%～0.3%。做基肥时,与有机肥混匀撒施或条施,结合耕地与土壤混匀后播种或定植。一般每667平方米用量为1～2千克。在缺锌的土壤上栽培茄果类、瓜类蔬菜,在幼苗期对叶面喷施0.01%～0.05%的硫酸锌和0.02%的尿素混合液,在盛花盛果期喷施0.05%～0.2%的硫酸锌和0.5%的尿素混合液,对促进茎叶生长,花芽分化,增加坐果率,改善品质,增强作物抗性有明显的效果。锌在土壤中的残效期为3～5年，因此不可施用过量，以防污染环境。

施用锌肥对绝大多数蔬菜均有良好的效果。对锌敏感的蔬菜，有番茄、甘蓝、莴苣、芹菜、菠菜等。根菜类蔬菜对锌的需求量较大，施锌肥效果良好。瓜类蔬菜，特别是佛手瓜，含锌量高，抗病性强。因此，防病治虫用药量少，是人类较好的补锌食品。

54. 在设施蔬菜栽培中怎样施用锰肥？

锰在植物体内代谢过程中，具有多方面的生理功能。锰是植物体内维持叶绿体结构所必需的微量元素，缺锰常引起叶片失绿，使光合作用减弱。因此，锰能促进二氧化碳同化，增强光合作用。锰还与植物呼吸作用和氧化还原作用有关系，也是植株氮代谢过程中的活跃因子，能促进蛋白质、维生素和核黄素的合成。并作为活化剂参与许多酶系统的活动，有促进种子发芽、营养生长、提早开花、防止早衰和降低病害、提高耐寒性等作用。

蔬菜植株地上部干物质含锰量低于15～25毫克/千克时，植株的生理活性及生长发育受阻，生长量、净光合量、叶绿素含量等迅速下降。缺锰植株对低温特别敏感，使组织细胞体积变小，内表皮组织收缩，抗寒力降低，但呼吸作用、蒸腾速率不受影响。

对土壤缺锰最敏感的蔬菜，有豆类蔬菜、莴苣、马铃薯、小萝卜和菠菜等；中度敏感的蔬菜有花椰菜、甘蓝、芹菜、番茄和萝卜等。在生产中，对于敏感度不同的蔬菜，在施用锰肥时要有所不同。

在设施蔬菜生产中，常用的锰肥有易溶态（如硫酸锰、氯化锰和锰的络合物）和溶解缓慢的无机化合物（如氧化锰、二氧化锰等）两种，其中以硫酸锰使用较普遍。

硫酸锰，为粉红色结晶，易溶于水，含锰量为26%～28%。可做基肥、种肥和追肥，但主要用于种子处理和根外追肥。基肥用量为每667平方米1～1.5千克。浸种浓度为0.05%～0.1%的溶液，浸12～24小时。进行拌种，每千克种子用2～3克。根外喷施浓度为0.1%左右，在蔬菜苗期或营养生长与生殖生长并进初期，喷施效果较好。

55. 在设施蔬菜栽培中怎样施用钼肥？

钼是已知植物必需微量元素中需要量最少的一种。在植株体内钼的重要生理功能是参与氮素代谢，特别是参与硝酸还原和氮的固定过程。钼还是豆科蔬菜生物固氮作用不可缺少的元素；对核酸代谢、磷代谢、维生素代谢有重要影响。植株缺钼时，体内维生素C浓度下降，有机磷含量低而无机磷含量明显提高；光合作用水平降低，还原糖含量降低。豆科蔬菜根瘤数降低，固氮能力下降，植株抗逆能力减弱，从而影响产量和品质。

土壤有效钼丰缺指标为0.15毫克/千克。华北地区黄土母质发育的土壤，有效钼含量低于0.1毫克/千克，属于有效钼含量低的土壤。目前，设施蔬菜生产中常用的钼肥品种，有钼酸铵、钼酸钠和钼渣。

(1) **钼酸铵** 为青白或黄白色结晶，易溶于水，含钼量为50%～54%。可做基肥、种肥或追肥。水溶性钼肥通常用作种子处理。钼渣用做基肥，肥效可持续数年。浸种溶液浓度为0.05%～0.1%，浸泡时间为12小时左右。拌种一般每千克用1～3克。根外追肥浓度为0.01%～0.1%，一般在苗期或现蕾期喷1～2次。

(2) **钼酸钠** 为青白色结晶，易溶于水，含钼量为35%～39%。可做基肥、种肥或追肥。使用方法同钼酸铵。

对钼敏感的蔬菜，有豆科蔬菜、花椰菜、莴苣、菠菜和十字花科蔬菜；中等敏感的有番茄和萝卜；不太敏感的有胡萝卜、芹菜、马铃薯、大葱和洋葱。蔬菜植株的缺钼症状与缺氮相似。与缺氮症状不同的是，由于硝酸盐的积累使叶片边缘有坏死症状，并先出现在中、下部老叶上。

56. 在设施蔬菜栽培中怎样施用铁肥？

铁也是植物必需的营养元素。在植株体内，铁是铁氧还原蛋白的组成成分，也是多种酶的组成部分，因而参与光合作用、硝酸还原作用和固氮作用。缺铁使叶片中叶绿体的体积明显减小，叶绿素总含量下降；缺铁也使蛋白质和糖类化合物合成受抑制，植株内积累大量氨基酸和有机酸而影响产量和品质的提高。对绿叶蔬菜尤其重要。

在北方石灰性土壤上，铁的可溶性很低，作物缺铁现象时有发生。土壤有效铁丰缺指标为4.5毫克/千克。但土壤中铁的有效性受土壤pH值的影响，pH值越高，铁的溶解度越低；碳酸钙含量高、质地黏重的土壤，铁的有效性低；含水量高的土壤，铁的有效性降低。土壤有机质对铁的活化有促进作用。设施蔬菜生产中常用的铁肥有以下两种：

(1) **硫酸亚铁** 为淡绿色或蓝绿色结晶，有腐蚀性，易溶于水，含铁量为19%～20%。用作根外追肥的浓度为0.2%～0.3%。

(2) **硫酸亚铁铵** 为透明淡蓝色固体，易溶于水，含铁量为19%～20%。用作根外追肥的浓度为0.2%～0.3%。

对铁敏感的蔬菜主要有豆科蔬菜、莴苣、黄瓜和番茄等，洋葱、甘蓝、马铃薯和胡萝卜等次之。植株缺铁的明显症状是新叶黄化、失绿，叶片变小并有坏死斑点，严重时整株叶片黄化、枯死。由于铁在植株内不能从老叶向新叶运转，因此叶面追肥应连续喷施2～3次。

57. 在设施蔬菜栽培中怎样施用铜肥？

铜也是作物必需的营养元素，是多种蛋白酶的组成成分，并可提高多种酶的活性，从而促进生长发育。铜是叶绿体中类脂的成分，是多酚氧化酶、维生素C合成酶的组成成分，是亚硝酸还原酶和次亚硝酸还原酶的活化剂。因此，对叶绿素的合成和稳定，对作物的碳素代谢，硝酸还原及含氮化合物由营养器官向生殖器官运转等，均有促进作用。

石灰性和中性土壤有效铜的临界值是0.5毫克/千克。土壤中有效铜含量除受成土母质影响外，也受土壤有机质含量的影响，由于铜在土壤中主要以有机复合体的形式存在，有机质含量高，铜的有效性也高。此外，如氮肥施用量过高，应增加铜肥的施用；如土壤有效铁含量过高，也可施用铜肥以减轻铁的毒害。

设施蔬菜栽培中常施用的铜肥有硫酸铜。它为蓝色结晶，易溶于水，含铜量为24%～25%。做基肥时，每667平方米施用1～2千克，每隔3～5年施一次。拌种用时每千克种子用量不超过2～4克(最安全用量为0.6～1.2克)。浸种浓度为0.01%～0.05%，浸15～20分钟。根外喷施浓度为0.02%～0.04%。

58. 在设施蔬菜栽培中怎样施用叶面肥?

(1)叶面肥的分类 叶面肥可分为以下三类：

①**普通叶面肥** 如尿素、磷酸二氢钾以及各种单质微量元素的盐类等。

②**多元叶面肥** 多是以几种微量元素为主，适当配加一些大量元素，或者添加一些表面活性剂等。

③**多功能叶面肥** 由多种流质营养元素盐类和植物激素或农药配制而成。也有用天然有机物提取液，或接种有益菌类的发酵液，再加一些营养元素和辅料而成。这类叶面肥不仅能提供一些养分，还可以调节植物的生长发育，以及营养元素在植株体内的运转等。

(2)叶面施肥的特点 叶面肥是一种经济有效施肥的辅助措施，尤其作物根部吸收机能受到阻碍的情况下，可获得较好的效果。叶面肥被植株吸收利用时间短，不受土壤固定、吸附和沉淀的影响，因此肥料利用率高。但是，由于叶片对营养元素吸收数量少，因此氮、磷、钾等大量元素要以土壤施肥为主。对于微量元素肥料，也要根据土壤供肥能力，作物需肥特性和选用元素的种类或激素的生理功能，进行合理应用，才能发挥应有的增产作用。

(3)**叶面肥的施用** 叶面肥施用时是直接喷施于植株地上部的表面，与根际土壤施肥不同，没有土壤的缓冲作用，因而喷施浓度精确非常重要。浓度低，植株吸收的养分数量少，作用不明显；浓度过高，往往烧伤叶片，造成肥害。不同蔬菜适宜的浓度不同；同一种蔬菜，在不同生育期适宜的浓度也不同。如尿素，在露地蔬菜喷施的适宜浓度为0.5%～1%；在温室和大棚蔬菜上喷施的适宜浓度为0.2%～0.4%；在苗床育苗期喷施的适宜浓度为0.2%。叶面肥中如果含有2,4-D等生长调节剂，在低浓度(10～20毫克/升)时可形成无籽果实，在高浓度下会引起果实畸形。

59. 在设施蔬菜栽培中怎样施用二氧化碳气肥？

(1)**施用二氧化碳的时间** 在日出后30分钟，设施内二氧化碳浓度逐渐下降，温度达到15℃时，开始施入二氧化碳较为合适。在施二氧化碳以前，密闭的棚室可先揭开通风口进行小通风，以降低棚室的温度。日出后关闭通风口，让棚室升温，过半小时后再施用二氧化碳。

从作物生育期看，苗期施用二氧化碳，对培育壮苗，缩短苗龄，提高定植成活率及增加前期产量，均有好处。但为了促进瓜果类蔬菜花芽分化，抑制营养生长，苗期一般不施二氧化碳肥，而在定植缓苗后施用二氧化碳。为促进果实膨大，在番茄、甜瓜等作物开花后10～20天，黄瓜开花后7～15天，施用二氧化碳效果较好。

(2)**二氧化碳的来源** 利用化学反应法产生二氧化碳，先根据栽培蔬菜棚室的容积，按 1 000 毫克/千克的二氧化碳浓度计算，得出需要施放二氧化碳的量。再根据化学反应生成这些二氧化碳所需的原材料量，在棚室内设置好分布均匀的反应点。用碳酸氢铵和工业硫酸进行化学反应生成硫酸铵和二氧化碳的方法较好，既能施放二氧化碳，所产生的硫酸铵水溶液又可作追肥用。

(3)二氧化碳的施用量 栽培黄瓜、番茄的温室内，二氧化碳浓度应维持在 0.1%～0.15%(1 000～1 500 毫克/千克)比较合适。

(4)产生二氧化碳的操作方法

①在 667 平方米塑料大棚、温室内，均匀设置 35～40 个容器。容器可用塑料盆、瓷盆、坛子、瓦罐和花盆等均可，内铺垫薄膜。但不能使用金属器皿。由于二氧化碳比空气的比重大，反应容器要悬挂在适当的高度，一般挂在蔬菜生长点上方 20 厘米处，使二氧化碳生成后直接下沉，扩散到蔬菜的功能叶上，以利吸收利用。

②将 98%的工业用硫酸与水按 1∶3 比例稀释，并搅拌均匀。在配制稀硫酸溶液时，应戴胶皮手套，穿上长筒胶鞋，系上胶面围裙，做好防护准备，然后把浓硫酸慢慢倒入水中。必须注意，切忌将水倒入浓硫酸中，以免溅出造成烧伤。再将稀释好的硫酸水溶液，均匀地分配在各个容器中，稀硫酸溶液约占容器容积的 1/3。

③在每个盛稀硫酸溶液的容器内，每天加入碳酸氢铵 1 350 克(40 个容器)或 1 545 克(35 个容器)，即可在 667 平方米棚室内产生 1 000 毫克/千克浓度的二氧化碳。一般加一次酸，可供三天加碳酸氢铵用。加入碳酸氢铵不再冒泡或白烟时，表明稀硫酸已反应完毕，应将生成物硫酸铵水溶液(可作追肥施用)清除，重新装入稀硫酸水溶液。棚室每天施放二氧化碳后，要密闭 2～3 小时，然后再通风换气。

(5)所需原料的计算 因塑料棚室体积大小不同，所需原料数量可通过计算确定。其计算公式如下：

每日所需碳酸氢铵使用量(克)=设施空间体积(米^3)×计划二氧化碳浓度(毫克/千克)×0.0036

每日所需硫酸用量(克)=每日所需碳酸氢铵量(克)×0.62

式中:设施空间体积(米^3)=面积(米^2)×平均高(米);

0.0036是每立方米发生1毫克/千克二氧化碳所需碳酸氢铵克数;

0.62是1克碳酸氢铵需与比重1.84的0.62克硫酸完全反应。

施用二氧化碳的天数,应根据不同蔬菜、不同生长状况和施放目的而定。如春大棚黄瓜为增加前期产量,可在定植后5天开始施放,连续进行30～40天。如遇阴雨天,则要停止施放。

(6)施用二氧化碳与环境条件的关系

①**温　度**　施放二氧化碳肥,是调节环境条件的一种手段,不满足其他条件,仅靠提高二氧化碳浓度,达不到增产的目的。棚室温度高于蔬菜适温1℃～2℃时,是施用二氧化碳肥的适宜温度。当外界气温升高,光照增强时,应通过通风换气,充分利用空气中的二氧化碳,这是最经济的方法。切勿为延长补充二氧化碳的时间而推迟放风,使室温过高而阻止二氧化碳的扩散。

②**光　照**　二氧化碳的施用效果受光照的制约。光照强度在一定范围内时,增加二氧化碳浓度,可以提高光合作用强度;光照弱时,单纯提高二氧化碳浓度,并不能提高光合强度。因此,温室大棚要经常清除薄膜上的尘土、碎草、积水和露水等,增加透光率。此外,蔬菜栽培密度也不能过大,以免影响棚室内的光照条件。

③**浇水施肥**　由于增施了二氧化碳,蔬菜作物根系发达,吸收功能增强,若此时土壤水分缺乏,就会出现叶片萎蔫,光合作用减弱的现象。因此,增施二氧化碳的同时,应保持适宜的土壤水分。但也不宜浇水过多,以免引起植株徒长,果实发育不良,病害严重,影响二氧化碳的肥效。另外,在二氧化碳施肥时期内,还要根据植

株生长状况,调节其他肥料的施用量。

60. 在蔬菜栽培中常用的复混肥料有几种类型?

(1)复混肥料的种类及优点

含有两种或两种以上氮、磷、钾养分,用化学或机械方法加工而成的肥料,称为复混肥料。按制造方法可分为化学合成复合肥,混合复合肥和掺和复合肥三大类型。按其形态又可分为固体复混肥和液体复混肥两大类。按成分可分为二元复混肥、三元复混肥和多元复混肥。复混肥料中有效养分以氮—五氧化二磷—氧化钾的含量百分数来表示。

①化学合成复合肥料 在生产工艺流程中发生显著的化学反应而制成的复合肥料。一般是二元型复合肥,无副成分。如磷酸铵、硝酸磷肥、磷酸二氢钾、硝酸钾和偏磷酸铵。上述几种氮磷或磷钾二元复合肥,易溶速效,是蔬菜作物常用的肥料,宜做追肥和根外追肥,增产效果显著。也可作为基质肥料加工配制各种配比的复混肥料。

②混合复合肥料 氮、磷、钾单质化肥或化学合成复合肥按一定比例粉碎、混合、造粒、烘干而成的复混肥。按造粒方式,可以分成转鼓型、圆盘型和挤压型三种。也可根据蔬菜种类,土壤肥力及施肥时期的需要,而生产不同类型的二元、三元蔬菜专用复混肥。

③掺和复合肥料 将颗粒大小一致的单质化肥或化学合成复合肥做基料,按当地土壤肥力和蔬菜需求确定配方,称取适量配料,经简单机械混合而成的肥料。掺和复合肥一般随混随用,不宜长期存放。配料灵活,加工成本低,效果良好。近十几年大量生产施用的BB肥就属于此类型。

④液体复混肥 有两种类型:一是液体粪。即在这种液体中,所有组成成分均是溶液状的,如喷施宝、营养宝和叶面宝等叶面

肥。二是悬浮液类。这是一种含有固体成分的液体混合肥料，在悬浮液中，由于加进了一种胶状物质，使这些固体成分悬在悬浮液中，这种胶状物质增加了悬浮液的黏性，并减慢了悬浮液沉淀的速度。

液体复混肥具有肥效性较高，易被吸收利用，生产成本低，施用方便并且均匀等特点，适合做追肥和根外追肥。做追肥时，可随水追施，特别适用于喷灌或滴灌时使用。液体肥料经稀释可与农药混合后一起喷施；番茄、茄子等移栽时，可用一定浓度液体肥料蘸根，增产效果良好。

(2)**常用固体复混肥料的品种** 目前，在设施蔬菜生产中常用的固体复混肥料品种有：

①**硝酸钾** 为白色结晶，易溶于水，高温中易爆炸。中性，速效。含氮13%，氧化钾45%～46%。可作基肥、种肥、追肥或根外追肥使用，深施肥效好，每667平方米用量为5～10千克。

②**磷酸二氢钾** 为白色或灰白色粉末，吸湿性小，物理性状好，易溶于水，呈酸性。含五氧化二磷50%～52%，氧化钾30%～34%。主要用于浸种和叶面追肥。常与尿素一起施用。叶面喷施浓度为0.2%～0.3%。

③**磷酸一铵** 浅黄色颗粒，溶于水，易吸潮，弱酸性，速效。含氮10%～13%，磷40%～53%。可做基肥和追肥，适于各种土壤和作物，每667平方米用量为10～25千克。因含氮量少，宜配合施用氮肥。

④**磷酸二铵** 为浅黄色颗粒，溶于水，易吸潮，弱酸性，速效。含氮16%～18%，磷46%～48%，做基肥、追肥均好，适用于各种土壤和作物，每667平方米用量为10～25千克。

⑤**偏磷酸铵** 为白色或浅黄色颗粒或粉末，溶于水，弱酸性，速效。含氮17%，磷75%。在设施蔬菜栽培中宜做基肥，每667平方米用量为10～20千克。

⑥磷铵钾肥 为白色或浅黄色颗粒，溶于水、中性，吸湿性小，养分全面，肥效快而持久。含氮10%～12%，磷20%～30%，钾10%～15%。各种作物和土壤均可使用，做基肥较好，做追肥要早施。

⑦尿磷钾肥 是由尿素、磷酸铵和氯化钾按不同比例掺混造粒，而形成的三元复混肥料。可根据各地土壤、作物种类对氮、磷、钾比例的不同要求，生产出氮、磷、钾比例不同的尿磷钾肥，如19—19—19，27—13.5—13.5，23—11.5—23，23—23—11.5等几种。对缺磷的土壤和需要磷、钾较多的蔬菜，如菜豆、豇豆、马铃薯和甘薯等，可选用低氮高磷、钾(1∶2∶2)的三元复混肥料，对叶菜类蔬菜应选用高氮、低磷、高钾(2∶1∶2)的三元复混肥料。

⑧硝酸磷肥 是几种化合肥料的混合物，主要成分是磷酸一铵、磷酸二钙和硝酸铵。一般含氮16%～28%，磷13%～23%。可做基肥和追肥。

61. 设施蔬菜栽培的施肥特点是什么?

(1)增施肥料 由于一年内在有限的面积上栽培多茬蔬菜，其产量又高，从土壤中吸收的养分较多。因此，比露地蔬菜栽培要求供应更多的肥料，才能满足设施蔬菜生长发育的需求。应以增施有机肥为主，配合适量的氮、磷、钾化肥。

(2)补施二氧化碳 棚室内二氧化碳的浓度，在太阳出来后，随着光合作用的进行而逐渐减少，以至不能满足光合作用正常进行的需求，故人工补施二氧化碳，增产效果明显。

(3)选择适宜的肥料品种 由于设施内比较密闭，单位面积上的施肥量又较高，因此在施肥前，需注意以下两点：

①禁止使用易产生有害气体的肥料 如碳酸氢铵易分解产生氨气，没有腐熟的饼肥、鸡粪、人粪尿等肥料，在设施内高温条件下，易分解产生大量氨气。当棚室内氨气浓度超过5毫克/千克

时，蔬菜就会受害。

②**尽量不施对土壤有副作用的肥料** 如氯化钾可使土壤中氯离子浓度增高，硝酸钾易形成土壤盐类浓度障碍，未腐熟的有机肥易把病菌、虫卵等带到土壤中，使蔬菜生长不良或发病，在设施蔬菜栽培中尽量不要施用。

62. 设施蔬菜栽培中施肥的技术要点有哪些？

根据设施土壤和蔬菜生长特点，要科学施肥。科学施肥，既能保证当季蔬菜高产稳产，又有利于防止土壤盐渍化和酸化，或防止连作障碍，为蔬菜生产创造一个良好的土壤环境。

(1)**推广施肥的科学监测** 用电导仪（也常写作 EC 计，所测得数据为 EC 值，单位为毫欧姆/厘米，即电阻率的倒数值）来监测土壤溶液浓度。如 EC 值接近生育障碍临界值时，就要停止施肥，并适当浇水，以避免蔬菜出现生育障碍（表 1）。

表 1 蔬菜生育障碍临界点 （EC 值，土：水＝1：2）

土 壤	生育障碍临界点			枯死临界点		
	黄瓜	番茄	辣椒	黄瓜	番茄	辣椒
砂 壤	0.6	0.8	1.1	1.4	1.9	2.0
冲积壤土	1.2	1.5	1.5	3.0	3.2	3.5
腐殖质壤土	1.5	1.5	2.0	3.2	3.5	4.8

(2)**增施有机肥料** 最好施用骡马粪等纤维素多的有机肥，可增强土壤的调节能力，防止盐类积聚，延缓土壤盐渍化的进程。又可利用微生物分解有机质产生的热量来提高地温。

(3)**基肥深施，追肥限量** 用化肥做基肥时要深施，最好把化肥与有机肥混合后施于地表，然后深翻。应严格控制每次的追肥量。可适当增加追肥次数，来满足蔬菜对养分的需求。不能一次追肥过多，以防土壤溶液浓度增高。

(4)**提倡叶面施肥** 蔬菜的叶片和嫩茎的表面,也具有吸收养分的功能,因此使叶面施肥成为可能。叶面施肥不会增加土壤溶液的浓度,应大力提倡。尿素、过磷酸钙、磷酸二氢钾及一些微量元素肥料,均可用于叶面施肥。

63. 如何应用养分平衡法确定蔬菜施肥量?

目前我国大多数设施蔬菜生产多采用经验施肥法。为使设施蔬菜生产取得更好的经济效益,应采用科学的施肥方法。根据研究结果,推荐蔬菜养分平衡测土施肥法。具体操作方法如下:

(1)**计算与确定相关参数** 进行蔬菜平衡施肥,其施肥量可根据以下公式计算:

施肥量(千克/667 平方米)=(蔬菜单位面积产量养分吸收量×目标产量－菜田土壤可供养分量)/(肥料养分含量×肥料当季利用率)

平衡施肥相关参数的计算与确定方法如下:

①**蔬菜养分吸收量** 由于土壤特性,施用肥料的种类与数量,蔬菜品种特性、需肥特性及栽培条件,特别是蔬菜收获期及其成熟度不同,各种蔬菜的养分吸收量相差较大。现把主要蔬菜的养分吸收量介绍如表 2,供参考使用。

表 2 每生产 1000 千克主要蔬菜需要吸收的养分量 (千克)

蔬菜种类	氮(N)	磷(P_2O_5)	钾(K_2O)
黄 瓜	1.67～2.73	0.96～1.53	2.6～3.5
西葫芦	5.47	2.22	4.09
冬 瓜	1.29～1.36	0.5～0.61	1.46～2.16
苦 瓜	5.28	1.76	6.89
番 茄	2.2～3.9	0.4～1.2	3.6～5.12
茄 子	2.95～3.5	0.63～0.94	4.49～5.6
甜 椒	3.0～5.19	0.60～1.07	5.0～6.46
芹 菜	1.83～3.56	0.68～1.65	3.88～5.87

续表 2

蔬菜种类	氮(N)	磷(P_2O_5)	钾(K_2O)
油　菜	2.76	0.33	2.06
甘　蓝	2.0～4.52	0.72～1.09	2.2～4.5
菠　菜	2.48～5.63	0.86～2.3	4.54～5.29
花椰菜	4.73～10.87	2.09～3.7	4.91～12.1
白　菜	1.6～2.31	0.8～1.06	1.8～3.72
韭　菜	3.69～5.5	0.85～2.1	3.13～7.0
大　葱	1.84～3.0	0.55～0.64	1.06～3.33
大　蒜	5.06	1.34	1.79
菜　豆	3～3.37	2.25～2.26	5.93～6.83
豇　豆	4.05	2.53	8.75
生　菜	2.5～2.53	1.17～1.2	4.47～4.5

②菜田土壤可供养分量　可从下面公式求出：

土壤可供养分量＝土壤速效养分测定值×0.15×速效养分校正系数

式中，0.15 是土壤速效养分测定值(毫克/千克换算成千克/667 平方米)的换算系数；速效养分校正系数为土壤速效养分利用系数，是计算土壤可供养分量的关键。表 3 是不同肥力菜田五种蔬菜速效养分校正系数，供参考。

表 3　土壤速效养分与蔬菜产量的关系

蔬菜种类	土壤速效养分	不同肥力土壤的养分系数		
		低肥力	中肥力	高肥力
早熟甘蓝	碱解氮	0.72	0.55	0.45
	速效磷	0.50	0.22	0.16
	速效钾	0.72	0.54	0.38

续表 3

蔬菜种类	土壤速效养分	不同肥力土壤的养分系数		
		低肥力	中肥力	高肥力
中熟甘蓝	碱解氮	0.85	0.72	0.64
	速效磷	0.75	0.34	0.23
	速效钾	0.93	0.84	0.52
白　菜	碱解氮	0.81	0.64	0.44
	速效磷	0.67	0.44	0.27
	速效钾	0.77	0.45	0.21
番　茄	碱解氮	0.77	0.74	0.36
	速效磷	0.52	0.51	0.26
	速效钾	0.86	0.55	0.47
黄　瓜	碱解氮	0.44	0.35	0.30
	速效磷	0.68	0.23	0.18
	速效钾	0.41	0.32	0.14
萝　卜	碱解氮	0.69	0.58	—
	速效磷	0.63	0.37	0.20
	速效钾	0.68	0.45	0.33

③**肥料利用率**　肥料利用率受多种因素的影响。设施蔬菜对肥料的利用率比露地蔬菜高，氮素化肥的利用率为 30%～50%，磷素化肥的利用率为 15%～30%，钾素化肥的利用率为 50%～80%；一般有机肥的氮磷钾利用率为 20%～30%。

(2)**施肥量的计算方法**　将测定出的土壤速效养分含量值和以上提供的各项数据，分别代入求施肥量的公式中，即可计算出氮、磷、钾施肥量。没有测土条件的地方，可参考当地土壤普查时测定的数据，也可根据当地菜田土壤肥力和蔬菜产量来确定施肥量。目前在一家一户的生产条件下，也可只根据蔬菜养分吸收量和蔬菜产量来确定施肥量。

64. 如何应用肥力等级法确定蔬菜施肥量？

蔬菜生产实践证明，肥力高的土壤栽培蔬菜时可以少施一些肥料，肥力水平低的土壤就要多施肥，把土壤所含有效氮、磷、钾按作物对肥料的反应分组，分组中有效养分含量的高、中、低与肥料用量的低、中、高相对应，这就是土壤肥力分级配方施肥的理论依据。根据笔者与同事的研究，土壤肥力分级标准拟为：

土壤肥力(%)＝不施肥蔬菜产量/施肥蔬菜最高产量×100

土壤肥力＞90 为高肥力菜田，70～90 为中肥力菜田，50～70 为低肥力菜田。

按上述标准划分，三类菜田耕作层(0～20 厘米)的主要速效养分指标见表 4。

表 4　土壤肥力划分标准　(单位:毫克/千克)

蔬　菜	土壤速效养分	不同肥力的土壤		
		低肥力	中肥力	高肥力
白　菜	碱解氮	＜100	100～140	＞140
	速效磷	＜50	50～100	＞100
	速效钾	＜120	120～160	＞160
早熟甘蓝	碱解氮	＜90	90～120	＞120
	速效磷	＜50	50～100	＞100
	速效钾	＜100	100～150	＞150
中熟甘蓝	碱解氮	＜100	100～140	＞140
	速效磷	＜50	50～100	＞110
	速效钾	＜120	120～160	＞160
番　茄	碱解氮	＜110	110～150	＞150
	速效磷	＜60	60～110	＞110
	速效钾	＜130	130～170	＞170

土壤肥力的高低，也可根据近三年每 667 平方米蔬菜的平均产量来确定。主要蔬菜种类菜田的肥力指标如下：

(1)黄瓜菜地肥力标准及施肥量 平均每 667 平方米 4 000～5 000 千克产量为低肥力菜田，667 平方米 5 000～8 000 千克产量为中肥力菜田，667 平方米 1～1.5 万千克产量为高肥力菜田。在不同肥力的菜田上，每 667 平方米产黄瓜 4 000～15 000 千克，建议施肥量为有机肥 4 000～10 000 千克，纯氮 28～64 千克，磷(P_2O_5)14～23 千克，钾(K_2O)10～25 千克。

(2)番茄菜地肥力标准及施肥量 每 667 平方米 4 000～5 000 千克产量为低肥力菜田，667 平方米 4 500～6 000 千克产量为中肥力菜田，667 平方米 6 000～7 000 千克产量为高肥力菜田。每 667 平方米产番茄 4 000～7 000 千克，施肥量为有机肥 4 000～7 000 千克，纯氮 28～50 千克，磷(P_2O_5)14～23 千克，钾(K_2O)15～25 千克。

(3)西葫芦菜地肥力标准及施肥量 平均每 667 平方米 4 000 千克产量为低肥力菜田，667 平方米 5 000 千克产量为中肥力菜田，667 平方米 5 000～7 000 千克产量为高肥力菜田。施肥量为有机肥 4 000～7 000 千克，纯氮 33～50 千克，磷(P_2O_5)14～23 千克，钾(K_2O)15～25 千克。

(4)辣椒菜地产量及施肥量 667 平方米产量为 3 000～5 000 千克，施肥量为有机肥 5 000 千克，纯氮 23～28 千克，磷(P_2O_5)7.5 千克，钾(K_2O)25 千克。

(5)茄子菜地产量及施肥量 667 平方米产量为 4 000～5 000 千克，其相应施肥量为有机肥 5 000 千克，纯氮 28～32 千克，磷(P_2O_5)7.5 千克，钾(K_2O)22～28 千克。

(6)芹菜菜地肥力标准及施肥量 每 667 平方米 4 000～5 000 千克产量为低肥力菜田，667 平方米 5 000～6 000 千克产量为中肥力菜田，667 平方米 7 000～8 000 千克产量为高肥力菜田。施肥量为有机肥 4 000～8 000 千克，纯氮 21～32 千克，磷(P_2O_5) 4.5～7.5 千克，钾(K_2O)11～16.5 千克。

(7)**甘蓝菜地产量及施肥量**　667 平方米产量为 3 000～5 000 千克，其施肥量为有机肥 5 000 千克，纯氮 23 千克，磷(P_2O_5)7.5 千克，钾(K_2O)20 千克。

65. 怎样确定设施蔬菜的施肥时期?

应根据蔬菜的营养生理特点来确定适宜的施肥时期和肥料种类。蔬菜苗期一般吸收养分不多，而在蔬菜生长旺盛期和产品形成期吸收养分较多。

(1)**果菜类蔬菜的营养生理特点及施肥时期与肥料种类**　果菜类蔬菜包括黄瓜、西葫芦、番茄、茄子和辣(甜)椒等各种以果实供食用的蔬菜。其营养生理特点及施肥时期与肥料种类如下：

①**需钾量较多**　绝大多数果菜类蔬菜都吸收大量的钾，按元素吸收量多少排序为：钾＞氮＞钙＞磷＞镁。单位产量吸收的钾元素和氮元素量接近于 2∶1。

②**苗期不可缺磷**　由于磷在花芽分化过程中起重要作用，在育苗阶段一定要满足幼苗对磷的需求。在苗期加强磷钾营养，可以提高幼苗质量，使带花株率增加，促进早熟增产。

③**整个生育期需要养分较多**　在营养生长后期，进入营养生长和生殖生长同时进行的时期，加上果实中所含养分随着采收而不断被带走，所以到生育后期，对养分的吸收仍然很旺盛，茎叶中的养分含量仍继续增加，以满足果实膨大的需求。

因此，在施用有机肥、磷、钾肥做苗肥和基肥的基础上，生育后期要注意追施氮钾肥。

(2)**叶菜类蔬菜的营养生理特点及施肥时期与肥料种类**　这类蔬菜包括以嫩叶和嫩茎供食用的芹菜、油菜、生菜、菠菜，以叶球供食用的甘蓝和大白菜等，其营养生理特点及施肥时期与肥料种类如下：

①**需钾较多** 在氮、磷、钾素中，叶菜类蔬菜吸收钾元素量较多。其吸收氮元素量和钾元素量的比例接近于1∶1，主要是对氮的吸收量相对增多，而不是钾元素的吸收量少了。

②**生育前期需肥量较多** 叶菜类蔬菜植株体内的养分在整个生育期内不断积累，但养分吸收速度的高峰是在生育前期。此期的营养状况对整个生育期影响较大，对产量和品质起重要作用。而生育后期的养分吸收量与果菜类蔬菜相比要低一些。

③**环境条件变化易影响养分吸收** 叶菜类蔬菜根系入土较浅，抗旱、抗涝能力差。当土壤湿度过高而氧气含量低时，会严重影响其根系对养分的吸收；当土壤干旱时，又易发生缺钙和缺硼症状。

因此，要注意生育前期和中期的施肥，氮、磷、钾要配合施用。生育后期要控制氮肥用量，以防止叶菜类蔬菜中硝酸盐含量升高。

66. 怎样给设施蔬菜施用基肥？

在蔬菜播种前或定植前，结合翻地施入土壤中的肥料称为基肥。基肥是蔬菜优质高产的营养基础，不仅供给蔬菜必需的养分，而且可以培肥和改良土壤。在设施条件下生产蔬菜，应十分重视基肥的重要作用。基肥应以有机肥为主，有机肥的施用方法，要看有机肥的腐熟程度和数量而定，腐熟不好而又量大的有机肥，不宜集中沟施，应撒施于地表，结合耕地翻入土壤中；而腐熟较好，数量又少的有机肥，则应集中沟施，如量多也可以将一半用于沟施，一半用于撒施，既满足蔬菜养分要求，又达到培肥土壤的目的。穴施时，必须用腐熟好的有机肥，并且不能施得太多，避免引起烧苗。穴施时，还要把肥与土混合均匀。为了使蔬菜在定植后迅速生长，还经常使用化肥做基肥。常用作基肥的化肥，有过磷酸钙、磷酸二铵和复合肥。一般每667平方米的施用量为：复合肥15～20千克，磷酸二铵 15～20 千克，过磷酸钙 40～50 千克，均采用沟施。其中过磷酸钙最好与有机肥一起堆沤，混合均匀后施用，其肥效较好。北方土壤多为石灰性土壤，有效磷容易被固定而失去作用，因而要减少过磷酸钙与土壤的直接接触。

67. 怎样给设施蔬菜进行追肥？

在蔬菜播种或定植以后所施用的肥料，称为追肥。一般以速效化肥为主，其中以氮肥为主，钾肥次之。在蔬菜生育前期，也可以追施充分腐熟的饼肥和多元复合肥，有时也可以追施磷肥。追肥还要根据蔬菜不同的生长发育阶段，多次施用。要以少施、勤施为原则。追肥的次数可根据蔬菜生育期长短来确定。生育期短的蔬菜，可在生长中期追 2～3 次肥；生育期长的蔬菜，可在养分需求较多的时期追 3～5 次肥，或更多次数。一般每隔 15～20 天追一次肥。一次追肥量过大，不仅蔬菜吸收不了，还会造成烧苗，产生浪费，而且造成土壤盐分浓度过高，妨碍蔬菜根系生长（表 5）。

表 5　不同土壤一次性追施化肥的最高限量　（千克/667 平方米）

化肥名称	砂性土	砂壤土	壤　土	黏性土
硫酸铵	20	45	60	60
尿　素	12	22	30	30
过磷酸钙	30	40	50	75
硫酸钾	10	13	20	20

另外，在设施密闭条件下，一次施用氮肥过多，会产生大量的氨气等有害气体，使蔬菜上部的枝、叶、花、果受害，造成落花、落果或化瓜，甚至全株枯死。追肥常用的方式有以下几种：

(1)冲　施　在给蔬菜浇水时，把定量化肥或人粪尿施在水沟内，使之随浇水渗入蔬菜根系周围的土壤内。这种方法浪费肥料多，在渠道内渗漏流失，蔬菜根系达不到的地方也渗入部分肥料。

但用法简单，省工省时，劳动量不大。

(2)**撒　施**　蔬菜浇定水以后，趁畦土还潮湿、但能下地操作时，将定量化肥撒于蔬菜畦面或植株行间，然后深锄，将土肥混匀。这种方法也比较简单，但仍有一部分养分会挥发损失，特别是碳酸氢铵挥发性强，最好不要撒施；硝酸铵、硫酸铵、尿素和硫酸钾，均可以撒施。

(3)**埋　施**　在蔬菜行间、株间开沟、挖穴，把定量的化肥施入沟内或穴内，再埋上土。这种方法养分损失少，较经济。但劳动量大，费工夫，操作不方便，并且在操作中要注意安全用肥，埋肥的沟、穴要离蔬菜根部10厘米以上。由于肥料集中、浓度大，需要从周围吸水溶解化肥，离根太近时容易把蔬菜根系的水分吸出来而造成烧根。并且挖沟、开穴如果离根系太近，也容易伤根系。

(4)**滴灌施肥**　近十几年来，随着棚室蔬菜微灌技术的发展，应用地膜覆盖、配套滴灌施肥，使蔬菜追肥走上了自动化的道路。在采用地膜覆盖配套使用滴灌的栽培方式中，在水源进入滴灌主管部位安装文丘理施肥器，用一个容器把化肥溶解，插入文丘理施肥器的吸入管过滤嘴，肥料即可随着浇水自动进入蔬菜根系的土壤中，由于地膜覆盖，几乎不挥发、不损失，而且肥料集中，浓度较小，因而既安全简便，又省工、省力，施肥效果好。这是目前最好、最科学的施肥方法，只要搞地膜覆盖，配以成套滴灌设备和水源，就能使用。北方地区的棚室蔬菜栽培者，有经济条件的可以使用此项技术。

68. 怎样给设施蔬菜进行根外追肥?

设施蔬菜栽培，由于人为创造的环境更易于满足蔬菜对环境条件的要求，蔬菜表现出生长快，产量高的特点。如果不注意施肥管理，蔬菜生育中、后期易发生脱肥、早衰、多病等问题。在管理中，除注意及时追肥，并结合打药防治病虫害以外，还可进行多次根外追肥,以补充蔬菜养分的不足。这种方法用肥量少,肥效快,又可避免养分被土壤固定,因而也是一种经济、有效的施肥方法。

叶面施肥所用的肥料,除了尿素、磷酸二氢钾、硫酸钾、硝酸钾、复合肥等常用的大量元素和微量元素肥料外,近几年来,各地还有很多厂家研制出适用于作叶面施肥的大量元素加微量元素或含有多种氨基酸成分的叶面肥料,施用后都有一定的效果。

叶面喷施磷、钾肥,宜在茄果类及瓜类蔬菜的幼果期使用,以促进果实膨大;豆类蔬菜、叶菜类蔬菜等,除生长期施用磷、钾肥外,也可在繁种、育种时,在现蕾至开花初期喷施硼砂液,以提高种子的产量。

喷施叶面肥料,要求在无风的晴天进行,最好在下午4时后喷施。棚室内可在露水落干后及时喷施。叶面施肥的喷施次数一般为2~3次,也可根据蔬菜缺素情况及养分在蔬菜体内运转的快慢而定,如氮、钾养分运转快,喷施的次数可少些,一般在生长期间或关键时期喷施1~2次即可;磷的转移速度慢,可喷施2~3次;微量元素在蔬菜体内运转很慢,可喷施3~4次。

69. 在给设施蔬菜追肥时不同品种的同类化肥如何进行换算?

每一类化肥的不同品种之间,可通过标准(如纯氮、五氧化二磷、氧化钾)进行换算。

(1)氮　肥　1千克纯氮(N)相当于尿素2.2~2.4千克,硫酸铵4.8~5.0千克,硝酸铵2.9~3.0千克,碳酸氢铵5.9千克,氨水6.3~8.3千克,硝酸钙6.6~7.7千克,硝酸钠6.3~6.7千克,硝酸钾7.7千克,氰氨化钙4.5~5.0千克,氯化铵4.2~4.5千克,磷酸二铵4.8~6.3千克。

(2)磷　肥　1千克五氧化二磷(P_2O_5),相当于过磷酸钙5.0~7.1千克,重过磷酸钙2.0~2.5千克,钢渣磷肥7.1~12.5

千克，钙镁磷肥 5.0～7.1 千克，磷矿粉肥 3.6～5.6 千克，磷酸二铵 4.8～5.0 千克，磷酸二氢钾 4.4 千克。

(3)**钾　肥**　1 千克氧化钾(K_2O)，其肥效相当于硫酸钾 1.9～2.1 千克，氧化钾 1.7～2.0 千克，窑灰钾肥 5.0～12.5 千克，草木灰 10～16.7 千克，硝酸钾 2.2 千克，磷酸二氢钾 3.5 千克。

四、我国设施蔬菜栽培的茬口类型

70. 东北、蒙新和青藏单主作区加温温室蔬菜茬口安排有哪些类型?

单主作地区的加温温室与其他地区相比面积较大,这些温室除了作为其他设施蔬菜育苗配套之用外,也直接用于蔬菜种植。加温温室蔬菜种植的茬口较为复杂,从季节茬口来看,主要有越冬茬、早春茬、春夏茬、越夏茬、夏秋茬、秋茬和秋冬茬几种。从温室空间而异的种植茬口看,多有套作,温室空间的前沿、后坡阴影面和主柱周围的支架,都可以利用。因此,在同一季节、同一温室内生长的蔬菜种类,可能在2～3种以上。尽管加温温室的茬口类型有多种,但是在单主作地区加温温室的复种指数并不太高,一般在4左右。这一地区加温温室茬口衔接的特点是:

(1)越冬茬蔬菜主要是一些叶菜类 如韭菜、蒜苗、芽菜、小白菜、莴苣、芫荽和菠菜等,栽培季节一般在12月份到第二年的2月初。这一茬所处的季节光照度普遍较低,即使加温到一些喜温蔬菜所需的温度,由于光照弱,这些喜温蔬菜也生长结果不好。因此,这一茬口多种植一些无需过多加温就能正常生长的叶菜类蔬菜。

(2)早春茬一般适用于生长期较短的蔬菜 在温室管理上,定植前期的2月中旬需加温,在4月初以后逐渐停止加温。这个茬口到5月末前后结束,种植的蔬菜如花椰菜、豌豆、莴苣、小萝卜和小白菜等,春夏茬的蔬菜一直可持续到6月中下旬,甚至7月初。主要用于一些喜温性的果菜类蔬菜的早熟种植,如香菇、茄子、黄瓜、西葫芦和菜豆。

(3)早春茬之后可以接越夏茬 越夏茬一般在6月初开始定植，持续种植到9月初，可用于生产喜温和耐热蔬菜，如苦瓜、网纹甜瓜和番茄等。

(4)春夏茬之后可接夏秋茬 一般在7月中旬定植，持续收获到10月中下旬结束，适于延后果菜类种植。

(5)越夏茬之后，可连接秋茬，夏秋茬之后可接秋冬茬 秋茬和秋冬茬一般适用于喜冷凉且对光照要求不太强的蔬菜，如青花菜、花椰菜、莴苣、芹菜和小白菜等。可在9月初到10月初定植，一直种植到11月中旬至12月初。种植后期可进行少量加温。

(6)可以充分利用棚室的空间 在春季兼顾育苗时，种植植株生长不太高时，中柱上可设支架，用于分苗后的摆放。而在秋冬季节，利用后架可进行一些速生蔬菜生产。

71. 东北、蒙新和青藏单主作区日光温室蔬菜茬口安排有哪些基本类型?

单主作区日光温室种植水平差别较大，种植茬口复杂。其基本茬口略比加温温室简单，复种指数在3～4之间。主要茬口有春夏茬、越夏茬、夏秋茬、秋茬和秋冬茬几种，个别地区也可种植越冬茬。其茬口衔接为：春夏茬—夏秋茬—秋冬茬，春夏茬和夏秋茬之间略有时间时，可抢一茬速生叶菜；春夏茬—越夏茬—秋茬—越冬茬。

(1)春夏茬 主要蔬菜有番茄、茄子、辣椒、黄瓜、西葫芦、菜豆和豌豆(接夏秋茬)；花椰菜、青花菜、莴苣、芹菜、结球甘蓝和大白菜(接越夏茬)。

(2)越夏茬 主要蔬菜有苦瓜、蕹菜、落葵、芽菜和小白菜。

(3)夏秋茬 主要蔬菜有黄瓜、辣椒、番茄、菜豆、花椰菜、青花菜和芹菜。

(4)秋茬、越冬茬 主要蔬菜有小白菜、芫荽、菠菜、韭菜和蒜苗等。

72. 东北、蒙新和青藏单主作区塑料大棚蔬菜茬口安排有哪些基本类型?

单主作区塑料大棚的茬口安排,基本上有以下类型:前后茬均为早熟果菜类;前茬果菜,后茬叶菜,以果菜为主茬,种植时间稍后延;前茬叶菜,后茬果菜,以后茬为主茬,比夏秋茬果菜定植略早,生育时间长。

(1)黄瓜—番茄 黄瓜于4月中旬前后定植,7月初拉秧;然后定植番茄。

(2)番茄—菜豆 番茄于4月中旬定植,每株只留3穗果去顶,7月初拉秧并种植菜豆,菜豆种植前期可做适当遮阴以便越夏。

(3)茄子—芹菜 茄子于4月下旬定植,收获至7月末,直播芹菜。

(4)甘蓝—小辣椒 甘蓝于4月初定植,5月末收获完毕,随即定植小辣椒,后期收获的产品可进行简易的短期贮藏后再上市。

73. 华北双主作区塑料大、中棚蔬菜茬口安排有哪些基本类型?

在华北中南部地区,从利用角度来看,塑料大、中棚除12月份和1月份的极端低温时期外,其他月份都可使用。多实行一年两茬或一年三茬蔬菜生产。一年两茬蔬菜生产是塑料大、中棚的基本种植类型。在无霜期150天以上的地区,多为两茬果菜类;无霜期不足150天的地区,春茬多为果菜,秋茬为叶菜。一年三茬蔬菜生产多在早春定植果菜之前,抢一茬速生叶菜,如油菜、莴苣、小萝卜和茴香等;也可在夏季利用塑料拱棚架种一茬丝瓜、苦瓜、豇豆等耐热果菜。也可利用塑料拱棚架夏季覆盖遮阳网,进行7月份和 8 月份叶菜类的淡季生产。如夏季菠菜和油菜的生产，露地种植很难进行，利用遮阳网覆盖种植，则较容易进行，既可以丰富淡季蔬菜的种类，也可以进行无公害蔬菜生产。

74. 华北地区日光温室蔬菜茬口安排有哪些基本类型？

日光温室特别是高效节能型日光温室的推广利用，是实现华北地区蔬菜周年均衡供应的主要手段。

(1)普通型日光温室的蔬菜茬口类型 这种温室的特点是跨度大，墙体薄，后屋面短或无，前屋面采光角度较小，因此冬季保温性能一般，不能进行冬茬果菜类的生产，只能进行秋延后和早春茬；冬茬或秋冬茬一般多用于叶菜或葱蒜类的生产。

①秋冬茬 多用于生产芹菜。主要是西芹及韭葱。5 月中旬至 6 月初播种育苗，8 月中下旬定植，10 月中下旬覆盖薄膜，11 月到来年 2 月间收获。

②早春茬 主要用于果菜类的生产，如番茄、茄子、辣椒、黄瓜、西葫芦、菜豆和甜瓜等。在秋冬茬收获前 50～70 天，开始播种育苗，1 月下旬至 2 月下旬间定植，3 月上旬至 5 月下旬收获，一般在 5 月中旬揭膜。收获后可接种豇豆、夏黄瓜和冬瓜等。

(2)高效节能型日光温室的蔬菜茬口类型 这种温室的特点是跨度小，墙体厚，前屋面采光角度大，后屋面长并且厚，冬季保温性能好。主要用于冬季果菜类生产、其茬口安排主要有以下类型：

①秋冬茬 一般夏末到中秋播种育苗，初冬定植到温室内，冬季开始上市，一直收获到夏季，收获期长达 120 天～180 天。所栽蔬菜有黄瓜、番茄、西葫芦和草莓等。冬春茬蔬菜对设施要求较高，技术难度大，但效益却好。

②早春茬 初冬播种育苗，1～2 月份定植，3 月份开始收获。这一茬口几乎所有蔬菜都能生产，如黄瓜、番茄、茄子、辣椒、西葫

芦、菜豆、冬瓜和各种速生叶菜类。

75. 长江流域蔬菜三主作区塑料大棚蔬菜茬口安排有哪些基本类型？

在长江流域，塑料大棚是冬春季蔬菜的主要保护设施。塑料大棚不但用于果菜类的春提前、秋延后栽培，还用来进行夏季防雨遮阳种植，春、秋季蔬菜的育苗和果菜类的制种与留种，实现全年的综合利用，提高设施的利用率。按大棚的茬口安排，可分为以下三种基本类型。

(1)以栽培为主的茬口类型

①一年两茬 即春提前种一茬早熟果菜类，果菜类于上一年秋冬育苗，3月中下旬定植，4～5月份开始采收，至6月下旬、7月上旬结束。夏季耕翻晒垡，秋季进行一次果菜秋延后生产，其蔬菜有辣椒、番茄、黄瓜和菜豆。一般8月上中旬育苗，9月上中旬定植，霜降前扣棚，从10月份开始采收，可一直采收到12月份。

②一年三茬 由春茬、夏茬和秋冬茬组成。春提前栽早熟果菜类，一般3月上中旬定植，7月上中旬采收结束；第二茬8～10月份进行保留顶幕做防雨棚，加遮阳网覆盖，种一茬越夏蔬菜，如伏大白菜、伏黄瓜、耐热萝卜、早熟花椰菜等，一般于9月底至10月初结束；再种一茬冬莴笋、荠菜、芹菜和结球莴苣等，到来年3月份结束。

③一年多茬 黄瓜、菜豆(3月上中旬至8月上旬种植)套豇豆(6月上旬至8月下旬种植)→白菜(9月份至10月上旬种植)→菠菜、芹菜(10月上旬至来年2月份种植)

④一年一茬 春辣椒(间作苋菜)，7月份除裙幕留顶幕加遮阳网，越夏种植，延续到冬季；春番茄→露地蔬菜；晚秋番茄9月份播种，多重覆盖加简单加温可越冬，延至来春5月份。

(2)以育苗为主的茬口 从10月中下旬开始，在大棚内建冷床或电热温床，作为茄果类蔬菜的育苗床或移苗床，春季作为采留种或果菜类早熟种植，秋季作为延后或露地蔬菜。

(3)以采种为主的茬口 冬季主要留十字花科蔬菜原种或杂交制种；夏季作为芹菜、甘蓝或花椰菜等防雨遮阳育苗床，秋季作为秋延后果菜栽培。

76. 防雨棚、遮阳网覆盖等夏季设施栽培的蔬菜茬口安排有哪些基本类型?

长江流域6～8月份正遇6月中下旬到7月初的梅雨季节，7～8月份的高温，雷暴雨、台风季节，这是蔬菜的夏秋淡季时期。露地蔬菜除少数耐热蔬菜，如冬瓜、豇豆、毛豆、蕹菜和苋菜外，种类品种单调，单产低，风险大。利用大棚骨架，盖顶幕，揭去裙幕通风，强光、高温时，中午前后盖上遮阳网，成为“一网一幕的防雨栽培”，是一项简易有效的夏季设施种植技术，其主要茬口类型有以下四种：

(1)夏秋菜育苗为主的茬口类型 秋冬菜中的芹菜、莴苣、甘蓝类蔬菜(青花菜、花椰菜、结球甘蓝)、大白菜、榨菜、秋辣椒、秋番茄和秋黄瓜，均在6～7月份利用防雨棚进行育苗，这一茬是防雨棚的主要茬口，其前茬是春提前种植的果菜，后茬是秋延后果菜或芹菜等。

(2)夏菜茬口类型 利用防雨棚，为冬菜夏种创造了适宜的生态环境，主要有黄瓜、番茄(迷你型和水果番茄)、洋香瓜、早熟花椰菜、大白菜、甘蓝、耐热萝卜、芫荽、耐热菠菜、茼蒿、小白菜、菜心、莴苣的越夏种植，前茬为春提前果菜类，后茬为芹菜、蒜苗、菠菜、青菜等露地秋冬菜。

(3)夏菜延后茬口类型 大棚栽培的辣椒、茄子和樱桃番茄等，通过防雨遮阳，延长生长供应期。后茬同芹菜、蒜苗、菠菜和青菜等露地秋冬茬。

(4)以采种为主的茬口类型 梅雨季节的6月份,正值各种葱蒜类、茄果类制种、留种季节,露地种植的产量、质量无法保证,利用防雨棚进行茄子、黄瓜、洋葱和十字花科亲本的采种、留种;其后茬都为秋延后果菜。

五、常见茄果类设施蔬菜的施肥

77. 设施番茄栽培有哪些茬口安排?

目前,设施番茄生产以日光温室和塑料大棚栽培为普遍,按栽培季节可分为以下几种茬口:

(1)日光温室秋冬茬 7月中旬到8月上旬播种育苗,8月上旬至下旬定植,11月中旬开始采收,第二年1月下旬拉秧。

(2)日光温室冬春茬 9月上中旬播种育苗,11月上旬定植,第二年2月上旬开始采收,7月底开始拉秧。该茬番茄栽培难度较大,在北纬40°以北地区,冬季温度低,光照弱,番茄不能正常生长;而在此以南的地区,如果温室结构不合理,保温措施差,采光不合理,也不适宜栽培冬春茬。

(3)日光温室早春茬 11月下旬至第二年1月上中旬播种育苗,2月上旬至3月上中旬定植,4月上旬开始采收,5月中旬至6月上旬拉秧。这是番茄栽培比较保险的茬口。

(4)塑料大棚早春茬 12月中下旬至第二年1月中旬播种育苗,播种期早晚可根据塑料大棚覆盖状况而定。保温效果好,可早播,2月下旬至3月中旬定植,5月上中旬开始采收,6月上中旬拉秧。也可在当地晚霜前110天播种育苗,按苗龄定植。

(5)塑料大棚秋延后茬 7月中旬播种育苗,8月上中旬定植,10月中旬开始采收,11月上旬拉秧。也可在当地早霜前100天播种育苗,按苗龄定植。

78. 番茄的生长发育特点有哪些?

番茄为一年生草本植物,根系分布广而深,入土深度可达1米以上，但主要根群分布在耕作层的20～30厘米范围内。番茄根的再生能力强，容易产生新根，适于育苗栽培；番茄根易生成不定根，增大根系吸收面积，有助于增强吸收养分的能力。番茄的根系不仅与土壤质地、肥力和耕作状况有关，而且与地上部茎叶及果实生长有一定关系。同时，还受移栽、整枝、摘心等栽培措施的影响。番茄根系吸收能力强，对土壤条件要求不甚严格，除特别黏重排水不良的低洼易涝地外，均可栽培。但为了获得优质高产，以选用土层深厚、富含有机质、保水保肥和透气性良好的壤土和黏壤土为好。砂壤土增施优质有机肥，也可进行番茄栽培。适于在pH6～7的微酸性和中性土壤中生长。土壤含盐碱过多，不利于番茄的生长发育。

番茄从播种到定植，生长速度慢，但花芽分化是在这一时期完成的，育苗有利于延长生长期，提早上市。早熟品种苗龄不宜超过3个月，晚熟品种苗龄不宜超过4个月。从定植后开花到果实膨大期间，茎、叶生长迅速，花序陆续开放。从第一花序果实膨大到果实收获期间，植株坐果数迅速增加。从开花到果实成熟，早熟品种需40～50天，中晚熟品种需50～60天。

79. 番茄的需肥特点有哪些？

番茄是连续开花结果的蔬菜，生长期长，产量高。整个生育期需从土壤中吸收大量的养分，主要是氮、磷、钾三要素，以钾素为最多，氮次之，磷较少。番茄具有耐肥的特性，因此需肥量大。每生产1 000千克番茄，需吸收氮3.86千克，磷（P_2O_5）1.15千克，钾（K_2O）4.44千克，钙1.6～2.1千克，镁0.3～0.6千克，吸收比例为1∶0.30∶1.15∶0.49∶0.12。不同的营养元素，在番茄的叶、茎、果实中含量不同。氮在叶片中含量高，其次是果实和茎。磷的含量在三者中相近。钾在果实、叶中偏高，茎中偏少。钙以叶片中最多，其次是茎，果实中最少。

育苗时，氮、磷、钾肥的比例为1∶2∶2，育出的壮苗可提早开花结果，提高结果率。在培育壮苗的基础上，大多带花移栽定植。缓苗后生长较慢，第一穗花陆续开花、坐果。这时营养生长和生殖生长同时进行，所需养分逐渐增加。进入坐果期后，吸肥量迅速增加。当第一穗果采收，第二穗果膨大，第三穗果形成时，番茄达到需肥高峰期。定植后一个月内吸肥量仅占总吸收量的10%～13%，其中钾的增加量最低。在以后20天里，吸钾量迅速增加，其次是磷。结果盛期，养分吸收量达到最大，此期吸收量占总吸收量的50%～80%。此后吸收量逐渐减少，植株衰老，根系吸收能力减弱。因此，生长后期进行叶面追肥很重要。

80. 番茄育苗时可以只用化肥吗？

如果只用化肥，育苗营养土中缺乏有机肥，容易板结，通气性差，并且化肥的养分较单一，不能满足番茄幼苗生长发育的需要。化肥用量（氮肥）偏高时，易产生畸形花，导致以后出现畸形果或落花落果，因此配制育苗营养土时不能只用化肥，必须加入一定比例的腐熟有机肥，这样既能改善苗床土的性质，提高土壤温度，又可培养出壮苗。

常用的有机肥有骡马粪、牛粪、羊粪、猪粪、人粪尿等。这些有机肥只有经过沤制腐熟后，才能配制苗床土。近十年来，鸡粪量较多，但不能使用生鸡粪，一定要腐熟后才用，不然易导致烧根或地下害虫发生。同时，鸡粪中含氮量为1.63%，含磷量为1.54%，含钾量为0.85%，可与其他有机肥混合使用。如单用鸡粪，用量一般为其他有机肥的1/4～1/3。在配好的营养土中，全氮含量应在0.8%～1.2%。

81. 在番茄苗期应当怎样施肥？

培育壮苗是促进番茄早熟，增强抗病性和取得番茄高产的基础。幼苗质量的好坏，与土壤速效养分的供应水平有关。在施肥上除应增施腐熟好的有机肥外，适当配合使用部分速效养分含量较高的无机化肥，尤其是施一些磷肥，是很有必要的。育苗土壤中的速效养分，如能达到无机氮（硝态氮加铵态氮）180～200 毫克/千克，磷 200～500 毫克/千克，钾 400～600 毫克/千克，就基本能满足培育壮苗的需求。养分浓度过高反而有害。如在生产中因施用未腐熟透的粪肥或加入化肥过多，就会造成烧苗或死苗。只有床土肥沃疏松，氮、磷、钾含量较多，才能使幼苗早形成花芽，生长发育快。播前半个月，育苗床土准备好后，在 10 平方米左右的苗床土上，需施入经过充分腐熟和捣碎的混合粪肥（马粪 70%、大粪 30%）100～150 千克，掺入过磷酸钙 1～1.5 千克，氯化钾 0.3 千克，充分混匀。

苗床追肥一般结合浇水进行，正常苗可交替喷施 0.2%～0.3%的尿素，0.3%的磷酸二氢钾。若番茄幼苗生长较慢，可只喷施 0.2%～0.3%的尿素；若番茄幼苗有徒长现象，可只喷施 0.3%的磷酸二氢钾。除叶面追肥外，在番茄 1～2 片真叶展开后，用 800～1 000 毫克/千克浓度的二氧化碳连续施用 15～20 天，增产效果很明显。

82. 怎样给番茄施基肥和追肥？

(1)定植前重施基肥 要获得每 667 平方米 4 000～7 000 千克产量，应施腐熟的有机肥 4 000～7 000 千克，磷酸二铵 30～50 千克。全部有机肥和磷酸二铵作基肥深施。有机肥撒施后深翻，将土肥混匀，耙细整平。磷酸二铵进行沟施，沟深 10～15 厘米，施肥后覆土混匀，浇足底水，准备定植。

(2)定植后追肥 番茄前期追肥不宜过多，结果以后要重追肥。追肥的原则是，由少到多，前期以氮为主，后期以氮、钾为主。一般是每采收一次果，追施一次肥，一共追肥 3～5 次。

①轻施催苗肥 结束蹲苗后开始浇水，并进行第一次追肥。这个时期幼苗刚缓苗，急需氮素营养供根、茎、叶生长。此时期养分缺乏，会影响番茄营养生长与花芽分化，导致减产。

一般是在定植后10～15天，结合浇水追施硫酸铵20千克/667平方米，或尿素10千克/667平方米。表层土见干时，松土培垄，适当蹲苗，促进根系生长和叶面积扩大，严防幼苗徒长。有条件时，可进行二氧化碳施肥，浓度为1 000毫克/千克。

②重施催果肥 在第一穗果开始膨大时，结合浇水追施催果肥。一般每667平方米追施硫酸铵25～35千克，或尿素10～15千克，硫酸钾10千克。结合浇水、追肥，在早上日出后30～40分钟，开始施二氧化碳肥1～2小时，通风前30分钟结束，施后的二氧化碳浓度为1 000～1 500毫克/千克，连续15～20天，增产效果明显。

③足量施盛果肥 番茄进入盛果期，第一穗果即将采收，第二、第三穗果迅速膨大，植株的需肥量迅速增加，应及时进行追肥。一般每667平方米追施硫酸铵25～35千克，或尿素10～15千克，硫酸钾10千克。

④适时适量施盛果中后期肥 日光温室冬春茬和秋冬茬番茄栽培中，晚熟品种结果期长，产量高，需肥量大。因此，适时适量进行2～3次追肥，可防止植物早衰，延长结果期。一般每667平方米每次追施硫酸铵25～30千克，或尿素10～12千克，硫酸钾10千克。

在番茄盛果后期，可结合打药，于晴天下午进行叶面施肥。用0.3%～0.5%的尿素，0.5%～1%的磷酸二氢钾，以及0.3%～1%的氯化钾，混合喷施2～3次。此法省工，见效快，对于促进植株健壮，延缓早衰，提高果实品质和产量，都有较好的作用。叶面喷施10毫克/千克浓度的钼、硼等微量元素肥液，可以增加番茄中维生素C及可溶性固形物的含量。

83. 施肥不合理会对番茄造成什么危害?

番茄的大多数生理病害,与营养条件有直接或间接的关系。如脐腐病与钙素营养缺乏有关。而畸形果等,不仅与营养有关,还由于日照、气温等因素不良,间接妨碍营养元素的吸收而造成危害。

(1)出现畸形果 畸形果是在花芽分化过程中发生的,与花芽分化前的营养状况有关。生长点部分营养积累过多时,易使花器畸形。营养的积累是由于养分与水分吸收过多,同时环境温度过低,呼吸消耗少所致。因此,在育苗的花芽分化期,应尽量避免养分和水分过多,避免出现低温。育苗期光照不足,吸收养分少,畸形果也少,但产量也低。因此,要注意光照、温度和养分间的平衡。设施早熟栽培番茄的第一至第三花序上,都易发生畸形果,而秋延后栽培的番茄中,则发生较少。

(2)形成空洞果 空洞果是胎座组织生长不充实,果皮部和胎座种子胶囊部分隔离间隙过大,使种子腔成为空洞,对果实的重量和品质影响很大。有时激素使用过多,也易形成空洞果。一般当养分吸收过量,特别是氮肥过多又遇低温(5℃)时,出现空洞果的比例大。温度高于12℃时,虽然施氮较多,也不易出现空洞果。此外,胎座的膨大充实也与种子的有无有关,因为种子在形成过程中,可以分泌激素,刺激果实膨大。使用激素后,果实内没有种子形成,也会促进空洞果的出现。因此,在栽培上,如果使用人工激素提高坐果率,也应同时进行振动授粉,使之形成少量种子,以减少空洞果的发生,设施内光照不足或地温过低,根系受到损伤,而使果实内部得不到充实时,都易形成空洞果。

(3)发生脐腐病 主要是由于土壤中钙素不足,或番茄体内缺钙而引起。过量吸收氮、钾和镁素,易形成钙的不足。此外,雨水不足,浇水较少,空气干燥,脐腐病果发生较多。在栽培上要防止氮肥过多和土壤干燥。谢花期至幼果期应喷施0.4%～0.7%的氯化钙于果面上。连续阴雨突然晴天后，应注意喷水和遮光，防止植株萎蔫。

(4)**出现网纹果**　果实接近着色期，从外观上可以看到网状的维管束。这种现象多出现在春末夏初之时。尤其在多肥条件下，地温较高，而且水分多，土壤中肥料易于分解，植株对养分吸收急剧增加，果实迅速膨大，最易形成网纹果。为了防止出现网纹果，在生产中应注意基肥尤其氮肥不要施用太多，设施内应加强通风换气，防止气温上升。

(5)**主茎生长异常**　茎的生长点停止生长，茎部发生空洞，或在生长期中，生长点部肥大带花等现象，在高温干燥、浇水过多、生育旺盛时易出现。主要原因是茎部钙素缺乏，氮肥施用过多。因此淡水不要过多，或地面覆盖稻草等，以降低地温。

(6)**发生筋腐病**　有白筋腐病和黑筋腐病两种。白筋腐病主要是幼果期(直径2厘米)感染番茄花叶病毒所致。黑筋腐病果，则是亚硝酸盐中毒和缺钾引起的。栽培上氮肥施用量过多和光照不足，易发生此病。因此，为了防止发生筋腐病，要对设施栽培番茄提高光照强度，注意通风换气，避免过量施用氮肥，并要提高地温。

84. 给番茄施肥需要注意哪些问题?

总的来说，要根据土壤肥力状况、番茄生育期长短及番茄产量，合理施肥。具体而言，要注意以下诸方面：

(1)**施足基肥**　一定要施用完全腐熟的有机肥，不能使用生粪。如使用腐熟鸡粪，用量要适当减少。一般每667平方米不同茬口番茄的施肥量分别如下：

①**日光温室冬春茬番茄的施肥量**　施用有机肥10 000～15 000千克，磷酸二铵50～70千克；有条件的地方，还可施用骨粉

和饼肥等。

②日光温室早春茬番茄的施肥量 日光温室早春茬番茄的基肥施用量为有机肥5 000～10 000千克，过磷酸钙50～100千克，过磷酸钙最好在沤制有机肥时加入。

③日光温室秋冬茬或塑料大棚春提早番茄的施肥量 施用有机肥5 000千克，磷酸二铵50千克左右。

④塑料大棚秋延后茬番茄的施肥量 如前茬蔬菜基肥用量多，可不施用基肥；如不足，可施用有机4 000千克，过磷酸钙或复合肥25千克。

(2)及时追肥 进入结果期后，番茄对养分的需求量增加，要及时适量追肥，以促进果实生长发育。在结果期追肥时，要注意以下问题：

①要追施速效性肥料 一般每667平方米每次追施尿素10～15千克，或硫酸铵25～30千克，或硝酸铵15～20千克，或磷酸二铵25～40千克，或硫酸钾10～20千克，或复合肥30～50千克，或腐熟人粪尿500～1 000千克。

②一般在第一穗果核桃大小时开始随水追肥 第一穗果核桃大小时开始追肥。以后则根据生长期长短或采收果穗的多少，与浇水相结合，适期追肥。冬春茬生长期长，可每隔两穗果追一次肥，也可把追肥量减半，每穗果都追肥。如留3穗果，可追肥2～3次；如留2穗果，则追肥1～2次。

③追肥配比要合适 不能偏施氮肥，要适量追施磷、钾肥，尤其是不能缺钾肥。氮肥和钾肥可交替追施，也可混合追施。但要注意，在混合追施时，各类肥料每次的用量都应适当减少，防止因追肥量太大而导致烧根。

④温度不同追肥不同 在温度低的冬春季，可追施腐熟的人粪尿或硝酸铵；进入高温季节，可追施尿素等肥料，但不宜再追施腐熟人粪尿。

85. 进行番茄叶面追肥需要注意哪些问题?

(1)叶面肥的种类及使用浓度 在配制过磷酸钙浸出液时,需在清水中浸泡2天(常搅拌),然后过滤除渣,用滤液喷施。在配制草木灰浸出液时,需搅拌过滤除渣,用过滤液喷施。市场上有各类叶面肥和微肥,买回后要按说明书使用。番茄常用叶面追肥浓度和用量见表6。

表6 番茄常用叶面肥料的喷施浓度和用量

肥料名称	喷施浓度(%)	喷施量(千克/平方米)
红 糖	0.1	50~75
尿 素	0.1~0.3	70
磷酸二氮钾	0.2~0.3	50
过磷酸钙浸出液	0.5~1	50
草木灰浸出液	3~5	50
氧化钙	0.3~0.5	50
硫酸镁	1~2	50
硫酸钾	0.01~0.1	50
硼 砂	0.1~0.2	50
硫酸亚铁	0.05~0.1	50
硫酸锰	1	50
硫酸锌	0.1~0.5	50
硫酸铜	0.05~0.1	50
钼酸铵	0.07~0.1	50

(2)施用要求

第一,严格按使用浓度配制,不能随意加大浓度,不然会造成烧叶。最好用河水、雨水来稀释配制。

第二，在使用浓度范围内，幼苗期使用低浓度，成株期使用高浓度。

第三，露地可在晴天无风的16时以后或阴天施用，设施内在晴天上午喷施。全株要喷施均匀，叶片正反面都要喷到。

第四，一般10天左右喷施一次，进入结果期可7天左右喷施一次。

第五，叶面追肥只是一种辅助性措施，不能完全靠叶面追肥。

(3)使用时期

①**幼苗期** 如幼苗长势强，茎秆粗壮，叶色浓绿，可不进行叶面追肥；如幼苗茎秆细弱，叶色淡绿，可叶面追施磷、钾肥。

②**结果期** 进入结果前期，可喷施微量元素肥料，进入结果中后期，可喷施氮、钾肥，如植株有徒长现象，可喷施磷、钾肥，但不可用尿素；如植株长势弱，可喷施尿素。

③**低温弱光期** 在低温弱光照期，可叶面喷施氮、磷、钾肥。

④**生病遭灾时期** 当番茄遭受病害或自然灾害时，可适当喷施糖、磷酸二氢钾、尿素等，以增强植株的抗逆性。

(4)小心混用

第一，糖类、尿素、磷酸二氢钾三者，既可单用，也可混用。

第二，各类微肥、过磷酸钙浸出液、草木灰浸出液等宜单独使用，不宜互相混用，也不宜和农药混用。

86. 如何进行塑料大棚春茬番茄的水肥管理?

(1)定植前施基肥 一般在定植前一个月左右覆盖棚膜进行烤地，在覆盖棚膜前将充分腐熟的有机肥撒施于棚内，每667平方米施5 000～10 000千克，再施过磷酸钙50～100千克，深翻20～30厘米，整细耙平，然后做成1米宽的高畦或50厘米行距的高垄，可在高畦或高垄上覆盖地膜。

(2)定植后施肥 定植时浇水充足的，可等到蹲苗后开始浇水,并进行第一次追肥。以后每隔7～10天浇一次水,每次浇水量不宜过大。整个生育期追肥4～5次,每次每667平方米追施尿素10千克,或硫酸铵25千克,或硝酸铵15千克,硫酸钾或氯化钾10千克。一般采用穴施,也可随水追施。生育后期,还可结合喷药进行叶面施肥。浇水要在晴天上午进行,浇水后要加大放风,以降低棚内空气湿度,防止各种病害。

87. 怎样进行塑料大棚秋茬番茄的水肥管理?

(1)施肥整地 一般每667平方米施腐熟的有机肥5 000千克,过磷酸钙30～50千克。然后深耕、整平,按行距做高畦或高垄。

(2)定植后浇水追肥 大棚秋延迟番茄缓苗后,要少浇水,多中耕松土。番茄植株表现干旱时,可适当浇水。第一花序开花前要及时浇一次水,开花期应控制浇水。在第一穗果坐住并开始膨大时,每667平方米施尿素10千克或硫酸铵25千克或硝酸铵15千克,硫酸钾或氯化钾10千克。然后浇一次水。在第二穗果坐住后,再每667平方米施用和第一次同量的肥料。如植株生长良好,可不再追肥。如番茄生育后期叶片发黄,可喷施0.1%～0.3%的尿素溶液,0.2%～0.3%的磷酸二氢钾,或0.5%～1%的过磷酸钙。当果实膨大后,一般不浇水,有利于保温降湿,促进果实成熟。

88. 如何进行塑料中、小棚春番茄的水肥管理?

(1)施肥与整地 利用中、小棚进行番茄春早熟栽培,番茄的生育期不是很长,为3～4个月。一般每667平方米施腐熟有机肥5 000千克,过磷酸钙50千克。可在定植前10～15天将有机肥全面撒施,过磷酸钙集中施在栽培畦下。深耕25—30厘米,耙平后做畦。

(2)定植后追肥 小棚春早熟栽培番茄,因其生育期较短,一般可追肥1～2次。当第一穗果坐住后,每667平方米施尿素10千克,或硫酸铵25千克,或硝酸铵15千克,硫酸钾或氯化钾10千克。在畦内开沟施入,然后盖土,或随水冲施。中棚栽培番茄,因其生育期较长,一般可追肥2～3次,第一次在第一穗果坐住后,每667平方米施尿素10千克,或硫酸铵25千克,或硝酸铵15千克,硫酸钾或氯化钾10千克。第二次在第一穗果实采收之后,每667平方米施肥量同第一次,每次追肥后都要适时浇水。使土壤湿度保持在65%～85%,即土壤表面见湿见干为适宜。

89. 日光温室冬春茬番茄的植株形态在不同生态环境下表现如何?

日光温室冬春茬番茄生产,生态环境是否合适,栽培技术措施是否合理,从番茄植株的形态上都可以表现出来。因此,在生产上要注意仔细观察,根据番茄植株的形态表现,调控生态环境条件,使之适宜番茄的生长发育。

生态环境条件适合,栽培技术措施合理,番茄植株生长发育健壮,无限生长类型的番茄,从顶端向下看植株呈等腰三角形,开花的部位距顶部20厘米左右,开放的花序上还有现蕾的花序;叶片肥大并且尖端较尖,叶脉清晰,花梗较粗,花色鲜黄,花梗节突起。如茎太粗,节间较长,开花部位低,属于徒长苗,主要是由于氮肥太多,水分过大,光照不足,夜温过高引起的。徒长的番茄植株易出现畸形果和空洞果,就是轻微徒长,也易造成果实生长发育缓慢。如开花节位上移,距顶部很近,茎细,植株顶部呈水平形,表明植株顶端受到抑制,是由夜温低、土壤缺水干旱、养分不足或结果太多等原因造成的。土壤干旱或发生病毒病,易引起植株卷叶。植株顶端弯曲,下部叶片也弯曲,植株呈不等腰三角形,小叶片中肋突出,呈覆船状,叶柄长,果实易形成筋腐病。生产上要随时观察,及时进行防治。

90. 怎样进行日光温室秋冬茬番茄的水肥管理?

(1)**施肥整地做垄** 每667平方米施腐熟有机肥5000千克,过磷酸钙50千克。深翻30厘米,耙平后按50厘米开定植沟,沟里均匀撒施磷肥,然后做垄,耙平垄面并压实,每两垄覆盖一副地膜。

(2)**结果期水肥管理** 番茄第一穗果长到乒乓球大小时,进入果实旺盛生长期,开始浇水追肥。在第一穗果开始膨大时,结合浇水追施催果肥。一般每667平方米追施硫酸铵25～35千克,或硝酸铵15～20千克,或尿素10～15千克,硫酸钾或氯化钾10千克。进入盛果期,第一穗果即将采收,第二、三穗果迅速膨大,植株需求养分量迅速增加,应进行第二次追肥,施肥量同第一次。进入结果中后期,为防止植株早衰,延长结果期,可适当追施1～2次肥,施肥量基本同前二次。这个时候,应保持充足的水分供应。果实迅速膨大期,每7～10天浇一次水,浇水后及时通风排湿,以促进果实迅速膨大,以后随着外界气温的降低,浇水的次数要适当减少。

91. 如何进行日光温室早春茬番茄的水肥管理?

(1)**施基肥及整地** 对日光温室早春茬番茄,可每667平方米施腐熟有机肥5000千克。有机肥最好提前运进温室,防止使用时有冻块,使土壤地温降低。撒完有机肥后深翻30厘米,耙平整细,使土壤和肥料混合均匀。然后做高垄或高畦,按双行开深沟,沟里施过磷酸钙,每667平方米用量为50千克。然后合垄,搂平垄面并压实,覆盖地膜。

(2)定植后的水肥管理 日光温室早春茬番茄植株生长量大，产量也较高，结束蹲苗后要追施催果肥，结合浇水，每667平方米施硫酸铵25～35千克，或硝酸铵15～20千克，或尿素10～15千克，硫酸钾或氯化钾10千克。必须选晴天上午浇水，阴天或下午不能浇水，浇水后不能碰上阴天。浇水后关闭温室1小时升温，然后再放风排湿。从花期开始每15天喷施一次1%的氯化钙溶液，连续喷施2～3次，可防止植株缺钙产生的脐腐病、红粉病和植株早衰。

第一穗果采收后，应该再追肥1～2次，施肥量同第一次，并可进行叶面追肥。在果实膨大期不能缺水，一般每7～10天浇一次水，每次浇水量不应太大，以浇满垄沟间为宜。

92. 怎样进行日光温室越冬番茄长季节高产栽培的水肥管理？

(1)定植前施肥 在中等肥力条件下，每667平方米施腐熟优质肥10立方米，消毒烘干鸡粪2 000千克，三元复合肥80千克。结合深翻先撒施60%的厩肥，再按1.4米畦间距开宽50厘米、深20厘米的沟，施入其余的厩肥、鸡粪及复合肥，并与土壤充分混合均匀。

(2)采收前的水肥管理 定植后用小水勤浇，以降低土壤温度，一般7天左右浇一次水，每667平方米浇水7立方米左右。第一穗果直径4～5厘米大小。第二穗果已坐住时，进行水肥齐攻，催果壮秧。可在畦边开小沟，每667平方米追施三元复合肥15千克，或随水施尿素10千克、硫酸钾10千克，浇水15立方米左右。以后每7～10天浇一次水，每667平方米每次浇水8～10立方米。10月中旬后控制浇水。

(3)采收期水肥管理 11月份后减少浇水，每20～30天浇一次水，每667平方米每次浇水10～15立方米。第二年4月份后，每7天左右浇水一次水，每667平方米每次浇水10立方米左右。定植后至拉秧前共浇水20～25次，总浇水量为300～340立方米。追肥一般按平均每三穗果追施一次，每次施三元复合肥20千克，加磷酸二铵10千克或硫酸钾10千克，共追肥8～10次。总追肥量为三元复合肥120千克，磷酸二铵80千克，硫酸钾80千克。番茄坐果以后，可施放二氧化碳肥，浓度以700～1 000毫克/千克为适宜。一般在每天日出后30分钟开始施用，封闭温室2小时左右。放风前30分钟停止施放，阴天不施放。

93. 什么是生理性病害？其特点是什么？

(1)生理性病害的发生 生理性病害(非侵染性病害)是由于不适宜的生态环境条件引起的，只要生态环境条件恢复正常后，生理病害就不再发展，较轻时还可能恢复正常。生理病害的危害在于降低植株对病害的抵抗力，从而成为诱发侵染性病害发生的原因。生理性病害产生的因素较多，如温度不适宜，光照弱或太强，水分不足或过剩，养分缺乏或过剩，以及肥害与药害等栽培管理不合理等因素。

(2)生理病害的特点

①生理病害不传染 在田间经常大面积发生，分布比较均匀，没有从点到面向四周逐渐发展蔓延的过程。

②生理病害无病原物存在 虽然有些生理性病害，与一些由病原物所引起的侵染性病害症状比较相似，但是在发病部位不会有病原物存在。

③生理病害与环境条件及栽培措施有关 生理病害大面积发生，与环境条件的突然变化或其他特殊环境因素有关。有时与浇水、施肥或喷药等栽培措施有关，对生理病害的判断，应对发病区域内及其附近生态环境的近期变化，以及栽培管理措施中的不合理，做仔细的检查和分析。

94. 温室番茄生理病害严重发生的原因有哪些？

引起温室番茄生理病害严重发生，主要有以下的原因：

第一，新建造的温室，虽然结构比较合理，基础条件比较好，但由于在建造中挖去表层土，使深层未熟化的生土成为耕作层，造成土壤结构及土壤微生物环境被破坏，从而影响根系的生长发育，易引起生理病害和土传病害。

第二，旧温室由于不断连作，土传病原菌逐年增多，每年大量施肥造成盐分积累较多，因此，易引起土传病害和盐害。

第三，为了提高菜田土壤肥力和防止连作障碍，每年向土壤中施入大量的鸡粪、猪粪、牛马粪等，由于施入前未充分腐熟而造成各种肥害。

第四，温室土壤长期郁蔽，透气性差。施肥经常大于番茄植株所需量，土壤养分又很少随雨水淋失，因此使土壤中累积大量的盐分，造成土壤溶液浓度较高；田间栽培管理操作不当，使土壤板结；长季节地膜覆盖和区域浇水，使番茄生长区土壤郁蔽，造成温室内土壤透气性差，从而使番茄根系活力下降，吸收养分和水分的能力降低，易产生各种生理病害。

第五，温室常处在覆盖的条件下，因此光照不足，造成番茄植株光合作用弱，植株生长发育和花芽分化都受到不利影响，引起生理病害的发生。

第六，温室长期密闭，空气流动性差，使其空气组成复杂，除氧气、二氧化碳外，还有氨气、亚硝酸气体、塑料薄膜挥发的有毒气体，以及化肥、农药的污染等。在冬季，由于温室保温的需要，不能及时通风换气，导致温室内有害气体浓度的升高，引起番茄生理病害的发生。

95. 番茄的生理病害表现有哪些特点？

番茄生理病害发生后，主要表现出以下特点：

第一，病害突然大面积同时发生，发病时间短，只有几天。大多数是由于空气污染，如氟化氢和二氧化硫等，或温度、光照不良等因素，如冻害和日灼等。

第二，植株根部发黑，根系生长发育差，经常与土壤水分较多，土壤板结而缺氧，有机肥没有充分腐熟而产生硫化氢或浇污水中毒等有关。

第三，番茄植株上有明显的枯斑和灼伤，并且多集中在某一部位的叶片或嫩芽上。大多数是使用化肥或农药不合理造成的。

第四，植株表现明显的缺素症状，多数表现为老叶或顶部新叶呈现黄化或特殊的症状。

第五，病害仅限于某一个品种发生，表现为生长发育差或与系统性症状相似，多数为遗传性生理病害。

96. 造成番茄养分失调的原因有哪些？

(1) **番茄对养分的吸收特点**　番茄对磷、钾、锌、钼、铜的缺少较敏感，对铜的过多也敏感。

(2) **菜田土壤肥力状况**　土壤肥力状况是大量元素氮、磷、钾基本缺少，微量元素硼、锰、钼也缺少；土壤酸碱度不适合；土壤耕作层不深，都能影响植株根系生长，减少对养分的吸收，产生养分缺乏。

(3) **施肥不合理**　氮、磷、钾肥比例失调，偏施氮肥，基本施磷肥，不施或少施钾肥；或不注重钙、镁及微量元素肥料的使用。

(4) **生态环境不良**　主要是光照、温度和水分等状况不能适应蔬菜生长的需要。主要表现如下：

第一，光照不足明显影响植株对氮、磷、钾的吸收，但对钙、镁的影响较小，其吸收顺序是：磷＞钾＞氮＞锰＞硅＞镁＞钙。

第二，温度不仅影响土壤养分的释放，也影响番茄植株对养分的吸收。地温直接影响番茄对养分的吸收和植株地上部氮钾含量的比率。在一定范围内，植株地上部含氮量随温度的升高而减少。地温高于22℃虽然有利于氮的吸收，但高温条件下氮易挥发损失；地温较高时，有利于磷、钾、锰、锌、铜、铁的吸收和转移，对钙、镁影响较小，但能减少对钠的吸收。当温度从20℃降低到12℃时，植株体内磷、钾的含量减少50%。

第三，土壤水分太多或太少，都限制土壤养分的释放、固定和淋失，土壤干旱时易出现缺钙和缺硼症状，土壤水分太多易产生镁的流失和降低铁的有效性，会出现缺镁、缺铁症状。

97. 养分失调的诊断方法有哪些？

养分失调的诊断方法，有土壤化学诊断、植株化学诊断、植株形态诊断和施肥诊断等。其中植株化学诊断、土壤化学诊断是较准确的方法，但需一定的设备和时间，因此生产上多采用植株形态诊断方法。但是当养分失调还不严重时，一般植株外部不呈现症状，有些症状还可能是几种养分同时缺少所导致的复合症状。因此植株形态诊断有其局限性和不足。

(1)养分缺乏的形态诊断　应从缺素症状呈现的部位、叶片形状、大小及颜色进行识别。

①症状产生的部位　氮、钾、镁等养分在植株体内易移动，首先供应新生长点的需求，当这些部位养分缺乏时，养分就会从老茎叶转移到新生的茎叶，因此，缺素症状是在老茎叶上首先表现出来。相反，钙、硼、钼、铁等养分不易移动，其缺素症状常从新生长点开始出现。

②颜　色　镁、锌、锰、铁等养分直接或间接与叶绿素产生或光合作用有关，缺少时一般会出现失绿症状，叶片黄化或出现白

色，磷、硼等养分与糖类物质运转有关，缺少时糖类物质易在叶片中滞留，有利于花青素的产生，使植株茎叶呈现紫红色。

③叶片形状和大小 当缺少锌时，植株出现小叶片；植株生长点萎缩，甚至死亡，与缺少钙和硼养分有关。

(2)养分过量的形态诊断

①养分过量对番茄的危害 主要是通过破坏细胞原生质，损伤细胞和抑制对其他养分的吸收，使番茄的生理代谢失调，从而表现各种生理病害，常见到的症状是叶片黄白化，出现褐斑，边缘枯焦，茎叶扭曲或畸形，根系生长不良、变褐或尖端死亡。

②症状呈现的部位 由于养分移动性的不同而存在明显差异，一般出现症状的部位是该养分易积聚的部位，这与养分缺乏症正好相反。

③造成拮抗养分的缺乏 由于有的养分的过量，常造成对其他养分的拮抗作用，因此，当一种养分过剩时，常表现其他养分的缺乏症。如锰、铜过剩时，明显抑制铁的吸收，致使出现缺铁症状。锌、铁过剩时，抑制锰的吸收，锰过量时抑制钼的吸收，氮过剩时抑制钾和镁的吸收等。因此，不少养分缺乏症，是由于某一种养分过量而造成的。

98. 番茄氮素失调会出现哪些症状？

番茄氮素失调，有氮素过量和氮素缺乏两种情况，其症状分别如下：

(1)氮素过量 番茄氮素过量会产生以下危害症状：植株呈倒三角形，节间长，茎从基部向上逐渐变粗，叶片大而且颜色深，叶片软，易感染病害；顶部幼叶中生长素含量增加，叶片很快生长，使幼叶在傍晚卷曲，严重时甚至会出现旋涡状扭曲。土壤铵态氮含量越多，顶部叶片卷曲越严重。小叶片中肋突起，叶片翻转，呈船底形；植株高大，茎叶生长旺盛，坐果少，明显表现徒长。植株营养生长太旺盛，组织柔嫩，茎叶木栓化程度低，易被各种病害侵染。铵态氮过量，抑制钾、钙、镁、硼的吸收，引起缺素症，产生褐变形筋腐病，植株体内养分失去平衡，导致生理代谢功能紊乱，出现生理性卷叶。果实着色不良，易形成绿背果、茶色果和顶裂果。

(2)氮素缺乏 番茄缺乏氮素会产生以下症状：植株生长发育缓慢，株形矮小，茎细长，叶片小而薄，易早衰。开始下部老叶先从叶脉间黄化，逐渐全叶黄化，并向上发展，小叶细小而直立；叶片主脉由黄绿色变为紫色至紫红色。下部叶片更为明显，后期下部黄叶上出现浅褐色小斑点；花芽分化推迟，芽数减少，坐果率低，果实小，品质差。阴天时，植株上部茎叶细小，但下部叶片叶色深；根系细长，根量少，严重时，根系停止生长，并呈黄褐色；影响叶绿素的合成，光合作用减弱，植株生长受到抑制，特别是在生长发育初期表现明显。

99. 番茄缺磷会出现哪些症状？

生育初期是需磷的关键时期。这时施磷可促进花芽分化，使植株健壮，增强抗逆能力。磷是决定植株根系数量多少的主要养分，可加快开花、坐果和成熟。磷与镁相互促进作用较强，与氮、钙也有一定的促进作用。钾、锌、铁、铜等对磷的吸收有抑制作用。

番茄缺磷会产生以下症状：幼苗缺磷，下部叶片呈绿紫色，并向上部发展；植株矮小瘦弱，叶片小并发硬，叶色暗绿无光泽，叶片背面呈紫色；下部叶片易衰老，向上卷曲，出现不规则的褐色、黄色斑，叶尖成为黑褐色并枯死；坐果少，果实小，成熟迟。

100. 番茄钾素失调会出现哪些症状？

钾是植株体内许多酶的活化剂，在植株体内移动性较强。钾能促进叶绿素的形成和碳水化合物的合成，并能增强植株抗逆能力，可改善果实的品质。钾能调节叶片气孔的运动，从而调节水分代谢。钾有利于光合产物的输送。硼、锰、铁能促进钾的吸收，氮、钙、镁可抑制钾的吸收。

(1)缺钾症状 生长初期缺钾，先从叶缘开始，叶缘失绿并干枯，严重时叶脉间也失绿；在果实膨大期易出现缺钾症状，中上部叶片的叶缘出现黑褐色针状斑点，叶缘黄化，逐渐向叶脉间发展，最后叶片变褐枯死；茎部出现黑褐色斑点，变硬或木质化；幼果易脱落，或形成畸形果，或果实着色不良，品质下降。植株抗逆能力降低；缺钾严重时，植株枯死。

(2)钾太多的危害 钾素太多时，叶片颜色变深，叶缘上卷，叶片的中部叶脉突起，叶脉间有部分失绿，叶片有轻微硬化，有机肥施用量较大时，应适当减少钾肥施用量。发现钾素太多时，可适当增加浇水量，以减少钾过量的危害。

101. 番茄缺钙会出现哪些症状?

钙能增强植株抗病能力，使植株的器官和组织有一定的机械强度；钙对根系的生长发育有显著的作用。缺钙时，根系在几小时内就会停止生长。钙参与植株体内糖分的输送。磷能促进钙的吸收，氢、钾、镁都能抑制钙的吸收。

番茄缺钙会产生以下症状：缺钙主要发生在生育中后期，在生长点和上部叶片表现明显。番茄植株缺钙时，如果是苗期缺钙，植株萎缩，幼芽变小，叶脉间黄化，生长点附近幼叶四周呈现褐色，有部分枯死斑。生育中后期缺钙，植株小叶边缘发黄皱缩，生长点附近顶部幼叶黄化，叶片尖端呈黄褐色，以后发展到叶缘呈黄褐色，叶卷曲，然后黄化，呈枯死斑。中部叶片有的叶缘发现黄化，严重时坏死，呈大块黑褐色斑。下部叶片一般正常。叶片小而硬，叶面皱缩。后期全株叶片上卷，果实出现脐腐病。如植株呈缺钙症状，可用0.3%～0.5%氯化钙溶液叶面喷施，每隔3～4天喷一次，连续喷施3～4次。

102. 番茄缺镁会出现哪些症状?

镁是叶绿素的主要成分之一,缺镁植株叶片就会失绿。镁参与氮素代谢作用;促进磷酸盐在植株体内的运转,加速维生素 C 和维生素 A 的合成。镁对磷的吸收有促进作用;钾、钙对镁的吸收有抑制作用。

番茄缺镁会出现以下症状:先从中下部的叶片主脉附近开始发黄,出现失绿。在果实膨大期,果实附近的叶片先出现发黄失绿现象。开始叶脉间黄化并呈黄褐色,黄化先从中部叶肉开始,叶脉仍然保持绿色,以后逐渐发展到整个叶片,但有时叶缘仍然呈绿色。果实无明显症状。老叶仅有主脉保持绿色,其他部分黄化,在叶脉间形成枯斑,而小叶四周经常有一小窄绿边,或全叶干枯。缺镁严重时影响叶绿素合成。从第二穗果开始,坐果率和果实膨大都受到影响,果实小而产量降低。如发现植株缺镁,可用 1%～2%硫酸镁溶液进行叶面喷施,每隔 2 天喷一次,连续喷 3～4 次。

103. 番茄缺硼会出现哪些症状?

硼参与碳水化合物的代谢和输送。植株体内缺少硼时,会影响钙的移动。氮、钾、钙可以抑制硼的吸收。

番茄缺硼时,在幼苗顶端第一花序或第二花序上出现封顶和萎缩,新叶停止生长,附近嫩茎节间缩短,上部叶片叶脉失绿,小叶片内有斑块,并向内翻,叶柄易折断,生长点发黑或发暗,严重时死亡。茎弯曲变脆,第三和第四花序附近的主茎节间变短,并在茎内侧出现褐色木栓化龟裂,有时裂开成窗缝或眼睛状。把异常茎切开,发病轻的可以看到中心部呈白色或褐色病变,发病重的茎上的褐色病变部位变大并开裂,呈内部变褐色的病变。果实表面呈褐色斑点。根系生长发育差,呈褐色。土壤缺硼,每 667 平方米施硼砂 0.5～1.2 千克做基肥。植株呈缺硼症状时,可用 0.1%～

0.2%硼砂溶液进行叶面喷施，每隔 5～7 天喷一次，连续喷 2～3 次。

104. 番茄缺铁会出现哪些症状?

铁在植株体内的含量为 100 毫克/千克左右，铁与叶绿体的磷蛋白结合在一起，缺铁叶片黄白化。铁可通过二价铁和三价铁的相互转化，参与植株体内的氧化还原反应；铁在植株呼吸作用中起输送氧的作用；铁和植株氮代谢有关，缺铁时，蛋白质合成受到阻碍，植株体内积累可溶性氮化合物，植株抗病能力降低。钾能促进铁在植株体内移动；土壤中的钙能抑制铁的吸收，磷、锰、锌、铜也阻碍铁的吸收及其在植株体内的移动。

番茄植株缺铁时，顶部叶片叶脉间或叶缘失绿黄化，开始末梢仍然保持绿色，以后逐渐全叶黄化变白，叶片较小，老叶虽不黄化，但生命力弱；苗期缺铁，全株黄化，严重时新叶可呈黄白色。植株出现缺铁症状，可用 0.05%～0.1%硫酸亚铁溶液进行叶面喷施，每 3 天喷一次，连续喷 2～3 次。

105. 番茄缺锰、锌、铜、钼时会出现哪些症状?

(1)缺锰症状 番茄植株缺锰时，中下部叶片变黄发白，叶片上有绿色网状叶脉，并出现褐色小枯斑点，以后幼叶也失绿。可通过增施腐熟有机肥改良偏黏重或偏碱性的土壤；植株呈缺锰症状，可用 0.1%～1%硫酸锰溶液叶面喷施 1～2 次。

(2)缺锌症状 番茄植株缺锌时，先从新叶和生长点附近出现症状，叶脉及其附近组织变白，叶脉呈紫红色，小叶柄和叶脉间出现干枯棕色斑，严重时，叶柄朝后弯曲呈圆圈状。土壤缺锌，可每 667 平方米施硫酸锌 1～2 千克做基肥；植株呈缺锌症状，可用 0.1%～0.5%硫酸锌溶液作叶面喷施。

(3)缺铜症状 番茄植株缺铜时，叶片卷曲，顶端小叶呈管状相对，小叶坚硬折叠，后期叶脉附近出现枯斑，茎短缩。土壤缺铜时，可每667平方米施用硫酸铜1～2千克，每隔3～5年施一次。植株出现缺铜症状时，可用0.05%～0.1%硫酸铜溶液作叶面喷施。

(4)缺钼症状 番茄植株缺钼时，一般从老叶向幼叶发展，小叶片叶脉黄化，叶缘上卷，严重时，叶片枯萎。植株出现缺钼症状，可用0.07%～0.1%钼酸铵溶液叶面喷施。

106. 茄子的生长发育特点有哪些?

茄子为1年生草本植物，喜高温、光照。根系发达，成株根系深达1.5米以上，主要分布在30厘米的表土层中。根系入土深度随耕层深度而变化，根系横向范围超过1米。但是，其再生能力差，木质化较早，不宜多次移栽。根系吸收能力强，喜水肥，不耐干旱，也不耐涝。设施栽培茄子生长期比露地长，要求肥料充足。茄子对土壤的适应性广，砂质土和黏质土均可栽培。适宜土壤pH 6.8～7.2，较耐盐碱。

茄子从花芽分化开始，经过现蕾期、露瓣期、开花期、瞪眼期，直至果实膨大，种子成熟，完成一个生育周期。茄子普通早熟品种从开花到果实成熟需要20～30天，中晚熟品种则需要更长的时间。结果期间适温为25℃～30℃，17℃以下生长缓慢，35℃以上花器发育不良。对光要求较强，光饱和点为4万勒，日照时间长时，花芽分化提早，落花率低。适宜的湿度为60%～70%。

107. 茄子的需肥特点有哪些?

茄子是喜肥作物，坐果率的高低取决于植株的生长强度。营养条件好时落花少，否则落花多产量低。营养不良会使短柱花增多，不利于授粉，因而也不易坐果，而且花形小而色淡，花器发育不良。此外，营养状况还影响开花的位置，营养充足时，开花部位的枝条可展开4～5片叶；营养不良时，展开的叶片很小，落花也多。

茄子对氮、磷、钾的吸收量，随着生育期的延长而增加。苗期氮、磷、钾三要素的吸收量仅为总量的0.05%，0.07%，0.09%。开花初期吸收量逐渐增加，到盛果期至末果期养分的吸收量约占全生育期的90%以上，其中盛果期占2/3左右。每生产1 000千克茄子，需吸收纯氮2.62～3.5千克，磷0.63～1千克，钾3.1～5.6千克，钙1.2千克，镁0.5千克，其吸收量比例为1∶0.27∶1.42∶0.39∶0.16。

茄子在各时期对养分的要求不同。生育初期的肥料主要是促进植株的营养生长。随后，营养向花和果实转移，在盛花期，氮和钾的吸收量明显增加，这个时期如果氮素不足，花发育不良，短柱花增多，植株生长也不好。氮素对茄子很重要，在生长的任何时期，缺氮都会对开花结果产生不良的影响。因此，从定植到收获中后期，特别是在结果盛期，需要大量供应氮和钾。磷影响茄子的花芽分化，因此在前期要满足磷的供应，并且要氮磷钾配合施用。

108. 怎样给茄子施苗肥和基肥？

(1)苗期施肥 在肥沃的床土上育苗，花芽分化快，发育完善；床土缺乏营养时，花发育迟，花器小。一般10平方米的育苗床中，可施入过筛的充分腐熟的有机肥200千克，过磷酸钙和硫酸钾各0.5千克，也可适当加入腐熟的马粪、草炭和锯末等。均匀地撒在畦面，将畦土浅翻2～3遍，使土肥混匀。育苗时期，需追施氮素化肥，如土温低，叶片发黄，可用0.2%～0.3%的尿素溶液喷施叶面。在茄子育苗过程中，容易出现缺氮现象，提高苗床土中速效氮的浓度，可显著改善幼苗的生育状态，提高幼苗质量。

(2)施基肥 冬春季温室中栽培茄子，由于气候寒冷，增施有机肥除满足茄子的营养需要外，也有利于改善土壤条件，增加地温。每667平方米施用腐熟的有机肥5 000～7 500千克，过磷酸钙 50 千克。施用方法一般是在整地前撒施，深翻后使土肥混匀。肥料较少时，也可在耕地后集中进行穴施或条施。

109. 怎样给定植后的茄子追肥？

茄子定植后，为了促进它的生长、开花、结果和优质高产，要施好催果肥、盛果肥、盛果中后期肥和叶面追肥。

(1)**催果肥** 定植缓苗后，花逐渐开放，当门茄达到瞪眼期(花受精后，子房膨大露出花萼时，称为瞪眼期)，果实开始迅速生长，整个植株进入以果实生长为主的时期。茎叶也开始旺盛生长，需肥量增加。此时进行第一次追肥，称为催果肥。这是施肥的关键时期。施肥过早易引起茎叶徒长，果实僵化或脱落；施肥过迟，果实膨大受到抑制，叶面积扩大也受到限制。催果肥用量，一般为每 667 平方米施硫酸铵 25～35 千克，或尿素 10～15 千克，氯化钾 8～10 千克，穴施或沟施，施后盖土并浇水。

(2)**盛果肥** 当对茄果实膨大，四母斗开始发育时，是茄子需肥的高峰期，应重施追肥。这第二次追肥，基本奠定了茄子中后期产量的基础。此期为营养生长与生殖生长同步进行阶段，协调好秧果关系，延长结果期，是丰产的关键。既要防止茎叶徒长，又要避免果实发育而抑制营养生长。以速效氮、钾肥为主，还要注意叶面追施钙、硼、锌等中量及微量元素肥料。结合浇水，每 667 平方米施硫酸铵 30～40 千克，或尿素 13～17 千克，氯化钾 10～12 千元。

(3)**盛果中后期肥** 从第二次追肥后到最后一次采收前 15～20 天，每一层果实开始膨大时，每隔 15 天左右追一次肥，共追 3～4 次肥，每次每 667 平方米施硫酸铵 20～25 千克，或尿素 9～11 千克，氯化钾 5～7 千克。

(4)**追施叶面肥** 茄子生长后期，根系吸收能力减弱，追施叶面肥能及时补充地上部对养分的需要。从盛果期开始，可根据植株长势喷施0.2%～0.3%的尿素溶液，0.5%～1.0%的氯化钾溶液，0.2%～0.3%的磷酸二氢钾，0.1%～0.2%的硫酸镁等肥料，一般7～10天喷一次，连续喷施2～3次。

110. 不合理施肥对茄子会造成什么危害？

(1)**产生僵茄** 由于花未受精或受精不良，产生单性结果，使果实内部激素含量不足，营养不能大量地供给果实，果实膨大受到限制，从而产生僵果。另外，环境条件不良，施肥不足，养分缺乏，同化作用受阻，制造的光合产物有限，而茎叶生长却又要大量消耗光合产物，致使向果实内运输营养物质受到限制，也使果实发育不良，质硬个小。

(2)**茄果着色不良** 水分供应不足，营养成分失调，加之叶片生长过旺而遮光，果实得不到充足的光线照射时，容易形成这种果实。设施内紫外光线少，这种果实较多。施用硫酸铵，可防止这种现象，喷施糖液也可增加茄子的色泽。

(3)**出现畸形果** 由于施肥过量，养分在花芽部分积累过多，使细胞分裂过程中形成多心皮的果实所致。低温，氮肥用量过多，浇水过量，容易形成畸形果。

(4)**出现营养缺乏或过剩症** 棚室多年连作，容易造成缺钾，前期叶片边缘和叶脉间产生失绿病斑，后期叶片脱落。在这些叶片中钾的含量低于4%，最低仅为0.6%。果实中钾的含量也在4%以下。另一方面，镁的含量增高，叶片中的镁含量可增加到2.2%～3.7%，叶脉间产生黄化。镁与钾有显著的拮抗作用，镁的含量增高，会使钾的含量降低。

111. 如何进行塑料中、小棚春茬茄子的水肥管理？

(1)**施足基肥** 定植茄苗用的中、小拱棚，要提前10～15天施肥，整地和扣膜，以提高地温。一般每 667 平方米施腐熟的厩肥 5 000～6 000 千克，或腐熟的鸡粪等 2 000～2 500 千克。施肥后深耕，耙平，做成平畦。

(2)结果期前的水肥管理 如定植水浇得不足，中耕 1～2 次后，可选晴天的上午，在茄苗行侧开浅沟浇一水，而后再配合进行中耕松土。在门茄开花前后，要严格控制浇水，防止因浇水而落花。当门茄长到核桃大小时，每 667 平方米施腐熟的鸡粪 500～800 千克，并进行中耕松土后稍加培土，然后浇水。

(3)结果期的水肥管理 在结果期内，茄子需水肥较多，可再追肥 2～3 次。最好能将腐熟的人粪尿或鸡粪，与尿素等化肥进行结合施用。每 667 平方米施腐熟的人粪尿 1 000 千克，尿素 15～20 千克，追肥后随即浇水。天气转暖后，可根据天气、土壤和植株生长状况，进行浇水等管理。

112. 如何进行塑料大棚春茬茄子的水肥管理？

(1)定植前施肥、整地 茄子忌连作，应与非茄科作物实行 2～3 年的轮作。定植前 20 天覆盖棚膜或密封大棚提温，升温烤地，并进行造墒和棚内熏烟消毒。茄子喜肥，每 667 平方米施腐熟有机肥 8 000～10 000 千克，饼肥 150 千克，施后深翻 40 厘米，做成高 15～20 厘米、宽 50～60 厘米的小高垄。

(2)定植后浇水、追肥 在门茄坐住前，一般不浇水，因为浇水易造成落花落果。结果初期，适当控制浇水，植株表现明显缺水时，可浇小水或隔沟浇水，浇水后中耕松土，及时通风排温。盛果前，植株需要水、肥量大，可视天气情况进行追肥浇水，促进果实膨大。每 667 平方米追施尿素 15～20 千克，磷酸二铵 10～15 千克或人粪尿 500 千克。一般每 5～6 天浇一次水，每隔二次水追肥一次。最好将化肥与有机肥交替使用。

113. 如何进行日光温室冬春茬茄子的水肥管理?

(1)施肥和整地 定植前要进行耕翻,深耕后每667平方米施入农家肥5 000～6 000千克或优质腐熟粪肥4 000～5 000千克。平畦栽培全面普施后再耕翻整地,使土肥混合均匀,高垄栽培可先普施2/3的肥料,整地后按定植的部位开30厘米深的沟,将其余1/3的肥料施入沟中,与土壤混合均匀。

(2)浇水和追肥 茄子的需水量大于番茄,当门茄直径达到3厘米(瞪眼),即将进入迅速膨大期时开始浇水,但开始浇水的量不宜太大。当土壤最低温度在20℃以下时,浇水量还是不宜过大,可在膜下沟灌;土壤最低温度上升到20℃以上,可在行间进行明沟浇水。

追肥可结合浇水进行。门茄直径达到3厘米时开始追肥,每667平方米追施硫酸铵20千克,或硝酸铵15千克,或尿素10千克,硫酸钾或氯化钾10千克。在第一次追肥后10～15天,对茄开始"瞪眼"时进行第二次追肥,施肥量同第一次。以后可根据生长情况,每隔15天左右追肥一次。

114. 茄子氮素失调会出现哪些症状

(1)氮素缺乏 茄子缺氮时表现为叶片小而薄,叶柄与茎之间的夹角小,呈直立状。植株长势弱,叶片稀疏,下部叶片淡绿色,缺氮严重时,变为黄色,易脱落。果实小,膨大受阻,易出现畸形果。

(2)氮素过剩 氮素过剩时植株徒长,叶片肥大,表面凹凸不平,叶色浓绿,严重时叶片向外翻,并下垂,叶柄与茎之间的夹角大。光照不足、低温和土壤水分太大,可使氮素过剩症加重。氮素过剩易诱发其他病害,特别是黄萎病的发生。

115. 茄子缺磷、钾会出现哪些症状？

(1)缺磷症状　茄子缺磷的症状表现不明显，一般为叶片小，表面光泽暗淡，颜色深，叶柄与茎之间的夹角小，果实不能膨大。植株长势弱，在生长发育的中后期，下部叶片提前衰老，叶片和叶柄变黄。

(2)缺钾症状　茄子缺钾症状也不明显。在土壤钾素缺乏不严重时，缺钾症状和氮素过剩症状极为相似，下部叶片发黄、软弱、易感染病害。当缺钾严重时，表现为下部叶片的叶脉间，出现淡绿色到黄色的斑点，有时也表现为叶缘褪绿，果实不能正常膨大。

116. 茄子缺钙、镁会出现哪些症状？

(1)缺钙症状　茄子缺钙的症状主要表现在上部叶片上，顶部生长发育受阻，叶脉间变黄褐色。缺钙还常发生果实脐腐病。

(2)缺镁症状　缺镁症状出现在下部叶片上，在叶片中脉附近的叶肉发生黄化，并逐渐扩大到全部叶片，缺镁严重时叶脉间会出现褐色坏死斑。在砂土上栽培茄子，如出现缺镁症状，一般是由于土壤供镁不足，需要追施镁肥。而在其他土壤上出现的缺镁症状，不一定是因为土壤缺镁造成的。施用钾肥太多，地温低和缺磷，都可能造成茄子的缺镁症状。

117. 茄子缺少硼、铁和锰素会出现哪些症状？

(1)缺硼症状　茄子缺硼表现在植株的顶部，顶部茎叶发硬，严重时顶叶变黄，芽弯曲，停止生长。果实内部和靠近花萼处的果皮变褐，落果现象严重。

(2)缺铁症状　茄子缺铁症也发生在植株的顶端，顶部叶片发生黄化，黄化现象均匀，不出现斑状黄化和坏死斑。

(3)缺锰症状　茄子缺锰症状易出现在中上部叶片上，叶脉间出现不明显的黄斑和褐色斑点，叶片易脱落。

(4)锰过剩症状 茄子锰过剩症状表现在下部的老叶片上，叶脉变褐，沿叶脉的两侧出现褐色斑点。土壤酸化、黏重、浇水太多和通气不良，是茄子出现锰中毒的主要原因。

118. 辣(甜)椒的生长发育特点有哪些？

辣(甜)椒根系不发达，主根较短，入土较浅，茎基部不易产生不定根，根系多分布在15～30厘米深的土层内，根系的再生能力差。生育周期分为发芽期、幼苗期及开花结果期。一般从受精到果实充分膨大需要30天左右，转色老熟需要20天以上。

辣(甜)椒属于喜温蔬菜，生长的适宜温度为25℃～30℃，果实膨大期需高于25℃的温度。长成的植株对温度的适应范围广，既耐高温也较耐低温。对光照要求不严格，在光照长或较短的条件下，都可以完成花芽分化与开花过程。与其他果菜类蔬菜相比，是较耐弱光的蔬菜。强光对植株生长不利，易形成果实的日烧病。耐旱力较强，随植株生长量增大，需水量也随之增加，但水分过多不利于生长。空气湿度以60%～80%较适宜。对土壤条件要求不严格，但以肥沃、排水良好的砂壤土，pH5.6～6.8为宜。耐肥能力强。

119. 辣(甜)椒的需肥特点有哪些？

辣(甜)椒是茄果类蔬菜中需肥量较多的蔬菜。就辣(甜)椒来说，甜椒类型要求的肥料多于辣椒类型。幼苗期吸收养分量较小。在结果期，养分吸收量较多，氮、磷、钾的吸收量分别占各自总吸收量的57%，61%，69%以上。一般每生产1 000千克果实，需吸收纯氮3～5.2千克，磷0.6～1.1千克，钾5～6.5千克，钙1.5～2千克，镁0.5～0.7千克，其吸收比例为1∶0.21∶1.4∶0.43∶0.15。在不同的时期，植株对养分的吸收有差异。随着果实产量的增加，氮素吸收量也增加。钾、镁吸收量也同样从果实开始收获起持续增加，盛果期吸收最多。如果钾素不足，容易引起落叶；缺镁会引起叶脉间叶肉黄化。施肥少时，茎叶中氮磷钾含量相对减少，而果实中的却相对增多；施肥过多时，茎叶中养分含量增高，易造成植株徒长，影响果实对养分的利用而减产。

120. 怎样给辣(甜)椒施苗肥和基肥？

(1)施苗肥 辣(甜)椒育苗的苗龄一般长达80～110天。因此，床土要选用有机质含量高和团粒结构良好的土壤。在苗床中要施入腐熟的优质有机肥，一般每10平方米苗床可施入150～200千克有机肥，过磷酸钙1～2千克，与床土混合均匀后，整平做畦，浇透水，播种后覆盖地膜。育苗期一般不追肥。如果幼苗生长缓慢，叶片狭小，茎秆细弱，可在定植前15～20天，随水追施氮磷钾复合肥1千克左右。

(2)施基肥 由于辣(甜)椒生育期较长，而且根系较浅，耐肥力强，因此施足底肥很重要。一般每667平方米施腐熟的优质有机肥5 000千克。基肥可用人粪尿、猪圈肥和土杂肥等，同时要注意磷肥的配合施用。可将过磷酸钙按每667平方米50千克与有机肥沤制使用。在整地前撒施60%的基肥，定植时再按行距开沟施入剩余的40%。这种撒施与沟施相结合的施肥方法，既有肥料的长效性，又利于发小苗。

121. 怎样给定植后的辣(甜)椒追肥？

第一次追肥可在定植后15天进行，为促苗早发棵，可随水每667平方米追施硫酸铵20～25千克，或尿素10千克。当蹲苗结束，门椒以上的茎叶已经长出3～5片，果实长到核桃大小时，可结合浇水，每667平方米追施硫酸铵25～30千克，或尿素10～15千克，硫酸钾15千克。第三次追肥在结果盛期，每667平方米追施硫酸铵25～30千克，或尿素10～15千克，硫酸钾15千克。第四次追肥在结果中后期，每667平方米追施硫酸铵20～25千克，或尿素10千克，硫酸钾10千克。以后可根据植株长势和土壤肥力状况，再追施1～2次肥，每次每667平方米追施硫酸铵20～25千克，或尿素10千克，硫酸钾10千克，从而使植株既可延长结果期，又可防止早衰和减产。在开花结果期，也可进行叶面施肥，喷施0.5%尿素加0.2%～0.3%磷酸二氢钾，提高结果数和果实品质。

前期植株幼小时，追施化肥要距植株10厘米左右，以防烧苗。中后期封行后，可随水追施，以水调肥。为促进辣(甜)椒根系发育，可结合浇水追肥，适时中耕培土。为延长结果期，可结合整枝，更新结果枝，降低结果部位，并及时浇水追肥，促发新枝，以提高第二次结果高峰期的坐果率，提高产量和品质。

122. 不合理施肥会对辣(甜)椒造成什么危害？

(1)苗期病害 当苗床中施用腐熟不充分的有机肥而且数量较多时，铵态氮转变为亚硝态氮，根系会受到损害。有时可以引起缺铁症状，中心叶发黄，幼苗根数少。铵态氮过多还会引起幼苗嫩叶皱缩。

(2)叶片病害 施用过多的铵态氮肥料，会产生氨气中毒，危害近地面的老叶，使叶片变褐。施肥量过多，在土壤酸性的条件下，易发生亚硝酸气体危害，使未长成的叶片畸形，或部分坏死，功能叶片上产生褐色斑点。

(3)产生脐腐果 辣(甜)椒生长发育后期，常易发生脐腐果，多是由于缺钙引起。高温、干燥、多氮、多钾等条件，会使钙的吸收受到阻碍，产生脐腐果。从初花期开始，可用1%过磷酸钙溶液，或0.1%硝酸钙溶液，或0.5%氯化钙溶液，加入5毫克/千克的萘乙酸溶液，进行全株喷施。每隔15天左右喷一次，连喷2～3次，每 667 平方米每次喷施 50～60 升药液。

123. 怎样进行日光温室冬春茬辣椒的水肥管理?

(1)**定植前施基肥** 由于辣椒生育期较长,而且根系较浅,耐肥力较弱,因此必须施足基肥。一般每 667 平方米施腐熟的优质有机肥 5 000 千克。基肥可使用人粪尿、猪厩肥和土杂肥等,同时要注意磷肥的配合施用。可将过磷酸钙按每 667 平方米 50 千克与有机肥沤制使用。在整地前撒施 60%的基肥,定植时再按行距开沟施用剩余的 40%肥料。

(2)**定植后追肥和浇水** 当门椒长到 3 厘米长时,结合浇水进行第一次追肥,每 667 平方米可随水浇施腐熟粪稀 2 000 千克或尿素 10 千克及硫酸钾 10 千克。以后根据生长情况每隔一水随水追一次肥,每 667 平方米施尿素 10 千克或硫酸铵 20 千克,硫酸钾 10 千克。同时施放二氧化碳气肥。采取小水勤浇的方法进行浇水,一般在土表发白、10 厘米以内土壤见干时即应浇水。

124. 怎样进行塑料中、小棚春茬辣椒的水肥管理?

(1)**定植前施基肥** 定植前 10～15 天,每 667 平方米施腐熟厩肥 2 500～3 000 千克或腐熟鸡粪 1 000～1 500 千克,施后深耕耙平,做成平畦。

(2)**始花着果期的水肥管理** 在门椒花开前,结合中耕追肥,每 667 平方米施尿素 10 千克,或腐熟的人粪尿 500～1 000 千克,施肥后浇水。门椒花开时,应控制浇水,中耕 1～2 次。门椒坐果后,进行一次追肥,每 667 平方米施三元复合肥 25～30 千克,随后浇水。

(3)**结果期的水肥管理** 辣椒采收后追一次肥,每 667 平方米施尿素 10～15 千克，硫酸钾 10～15 千克。以后每隔 20 天左右追一次肥，可将化肥和腐熟的人粪尿等有机肥交替使用。天晴无雨时，5～7 天浇一次水，保持土壤湿润。

125. 怎样进行塑料大棚春茬辣椒的水肥管理？

(1)定植前施基肥 每 667 平方米施用腐熟有机肥 3 000～5 000 千克，施后整平地面。采用大小行小高垄栽培，定植前开深 15 厘米的沟，每 667 平方米施入腐熟的鸡粪，或三元复合肥 50 千克。肥料施入沟底，然后耙一下，使土肥混匀。

(2)开花结果期的水肥管理 门椒开花前后，要适当控制浇水，防止落花。门椒坐住后进行追肥，每 667 平方米施三元复合肥 15～30 千克，追肥后浇水。在门椒采收后及采收盛期，及时追肥，每 667 平方米施三元复合肥 10～15 千克，或施腐熟人粪尿 400～500 千克。盛果期内一般 6～7 天浇 1 次水，以保持地表湿润。

126. 怎样进行塑料大棚秋茬辣椒的水肥管理？

(1)定植前施基肥 大棚秋茬辣椒在地表覆盖地膜后追肥困难，因此定植前应施足基肥。肥料要以有机肥和磷、钾肥为主，每 667 平方米施腐熟的农家肥 4 000～5 000 千克，三元复合肥 50 千克，在定植前整地做畦时施入。

(2)定植后的水肥管理 定植后根据土壤墒情，实施小水勤浇，浇水后及时中耕培垄。生育前期温度高，根系吸收力强，可追 1～2 次肥；进入花期后应减少氮肥，增施磷钾肥；生育后期温度低，根系活力减弱，应多进行叶面追肥，每 7 天喷施一次，可用 0.3%磷酸二氢钾和 0.2%复合肥喷施。第一次追肥在门椒长到 3 厘米长，对椒坐住后结合浇水，每 667 平方米施腐熟人粪尿 1 000

千克，或尿素10～15千克，硫酸钾10千克。以后每隔3～4次水追肥一次。

127. 辣椒氮素失调会出现哪些症状？

(1)氮素缺乏的症状 从全株来看，缺氮表现为植株瘦弱，叶面积小，开花位置上升，出现靠近植株顶端开花的现象。叶片上的表现为瘦小和黄化，黄化现象由下部叶片到上部叶片逐渐加重。

在土壤干旱、地温低、夜温高、结果过多和根系发育不良的情况下，也表现为类似缺氮症状的生长抑制型植株，在具体诊断时，应把缺氮与其他因素结合起来进行综合分析。因土壤干旱还表现为叶柄弯曲，叶片下垂并向上卷曲，同时伴有缺钙症状。当地温低时，叶柄与茎之间的夹角大，叶尖下垂。在夜温高的情况下，叶片小，叶柄长，叶柄与茎之间的夹角小。

(2)氮素过剩的症状 当土壤速效态氮素太多时，植株表现为叶片肥大和柔软，叶色浓绿，叶柄长。植株顶部的幼叶出现凹凸状，叶片褶皱，功能叶片表现为中肋突起，形成船底形，下部叶片发生扭曲。土壤水分多，空气湿度大，夜温高和光照不足能使氮素过剩症状加重。在光照不足，夜温高的情况下，氮素过剩症状并不表现为叶片肥大，而只表现出叶柄长和叶片中肋突起的症状。

128. 辣椒缺磷、钾会出现哪些症状？

(1)缺磷症状 辣椒缺磷症状表现不明显，如在生长初期发现植株生长缓慢，但没有黄化现象，就可以考虑是否土壤速效磷含量低，供磷不足。在生长发育的中后期，缺磷表现为：叶色浓绿，表面不平展，形成短柱状花，结果晚，果实小。

(2)缺钾症状 辣椒缺钾时，叶片呈暗绿色，叶缘出现部分坏死症状，叶脉间变褐，严重时下部叶片变黄。果实畸形，膨大受阻。

129. 辣椒缺钙、镁会出现哪些症状？

(1)**缺钙症状** 缺钙症状是辣椒顶端叶片生长不良，叶尖黄化，部分叶片表现出类似氮素过剩的中肋突起。在果实上表现为脐腐果。高温、干旱和铵态氮太多时，将加重辣椒缺钙症状的发生。

(2)**缺镁症状** 辣椒缺镁主要表现在下部老叶上，叶脉间失绿是主要症状。在土壤钾素过剩和铵态氮积累时，容易发生缺镁症状。

130. 辣椒缺硼和锰失调会出现哪些症状？

(1)**缺硼症状** 缺硼症状表现在辣椒植株的上部，植株生长发育停止，叶柄和叶脉硬化，容易折断，叶片发生扭曲，花蕾脱落。

(2)**缺锰症状** 辣椒缺锰表现为叶脉间失绿，叶面常有杂色斑点，叶缘仍保持绿色。缺锰现象一般出现在砂土地生长的植株上，壤质土和黏质土缺锰症状少见。

(3)**锰过剩症状** 辣椒的锰过剩症状主要表现在中下部叶片的叶脉上，叶脉局部变褐，叶脉间出现褐色斑点，叶片提早衰老和脱落。土壤积水和通气不良容易使辣椒发生锰中毒。

六、常见瓜菜类设施蔬菜的施肥

131. 怎样安排设施种植黄瓜的茬口？

(1)**日光温室冬春茬黄瓜** 在10月下旬至11月上旬播种育苗，11月下旬至12月上旬定植，来年1月中旬开始采收，6月底拉秧清茬。

(2)**日光温室早春茬黄瓜** 在12月下旬至来年1月上旬播种育苗，2月上中旬定植，2月下旬开始采收，6月上旬拉秧清茬。

(3)**日光温室秋冬茬黄瓜** 在8月中下旬至9月上旬播种育苗，9月中下旬定植，10月中下旬开始采收，来年1月上旬拉秧清茬。

(4)**塑料大棚春提早茬黄瓜** 在1月上旬至2月上旬播种育苗，在2月下旬至3月下旬定植，3月下旬至4月中旬开始采收，6月底至7月上旬拉秧清茬。在塑料大棚内采用多层覆盖保温措施和加温措施，播种能提前到1月份。

(5)**塑料大棚秋延后茬黄瓜** 在7月中下旬播种育苗，8月上中旬定植，9月中下旬开始采收，11月上中旬拉秧清茬。

132. 黄瓜的生长发育有何特点？

黄瓜为浅根性植物，根系多分布在15～20厘米的表土层中。根系再生能力弱，吸收能力差，对氧要求严格。表层土壤空气充足，有利于根系的有氧呼吸，促进根系生长发育和对氮、磷、钾等养分的吸收。黄瓜根系木质化程度高，发生木质化时间早，伤根后难以再生。因此，黄瓜定植时，要护好根，保持幼苗土坨完整，可提高栽植成活率，缩短缓苗期，为早熟高产奠定基础。在黄瓜茎的基部近地面处，能长出气生根伸入土壤中吸收养分和水分。黄瓜根系适应的土壤 pH 值为弱酸性到弱碱性，耐盐能力差，不耐旱。喜肥但不耐肥，施肥过量，尤其是化肥过量，水分不足时易引起烧根。黄瓜为喜温喜湿植物，生育适温为 18℃～32℃，适宜的空气相对湿度为 70%～90%，土壤湿度为 85%～95%。

黄瓜定植后，植株迅速生长，营养生长与生殖生长同步进行。开花后 8～18 天，果实可达商品成熟。采收根瓜后，进入果实采收盛期。此期要加强水肥管理，及时整枝、绑蔓和摘心，维持植株养分和水分的平衡供应，促进营养器官的更新复壮和开花坐瓜。

133. 黄瓜需肥有何特点？

黄瓜幼苗期对氮、磷、钾、钙、镁的吸收情况不同。随着苗龄的增加，植株鲜重与干重也增加，钾、氮、钙的绝对吸收量较高，其次为镁和磷。在苗期结束时，各元素占苗中干物质的含量为氮 4.44%，磷 1.05%，钾 4.1%，钙 5.1%，镁 1.3%。苗期无机营养的比例对黄瓜的性别分化有显著的影响，氮素用量多时，雌花分化多。

从定植到收获完毕，单株的平均养分吸收量是：氮 5～7 克，磷 1～1.5 克，钾 6～8 克，钙 3～4 克，镁 1～1.2 克。其吸收比例为 1∶0.2∶1.2∶0.6∶0.2。各部位养分含量，氮、磷、钾在收获初期较高，随着生育期的延长，含量下降。而钙和镁则是随着生育期的延长而增加。

肥料的吸收与栽培方式有关，生育期长的设施春早熟黄瓜比生育期短的秋延后栽培黄瓜吸收养分量高。另外，秋延后栽培黄瓜，前期产量高，养分吸收主要在前期，因而施足基肥是栽培成功的关键。早春黄瓜采用塑料薄膜覆盖地面后，土壤中的有机质加快分解，速效养分增加，而且土壤理化性质得到改善。黄瓜各生育期对氮、磷、钾的吸收比例为：苗期为 4.5∶1∶5.5，盛瓜初期为

2.5∶1∶3.7,盛瓜后期为2.5∶1∶2.5。每生产1 000千克黄瓜需纯氮2.6千克,磷1.5千克,钾3.5千克,吸收比例为1∶0.59∶1.36。

134. 怎样给黄瓜施苗肥和基肥?

(1)**苗期施肥** 这是培育壮苗的关键措施。营养土是幼苗生长的基础,要求质地疏松,透气性好,养分充足,pH值适中,不含草根和杂质。营养土的配制比例为:腐熟马粪30%,陈炉灰20%,腐熟大粪面10%和未种过瓜类的菜园土40%。也可用菜田土40%,河泥20%,腐熟厩肥30%,草木灰10%,加入2%~3%的过磷酸钙,充分拌匀即成。用上述苗床培养的黄瓜幼苗一般不缺肥。如发现缺肥现象,可喷施营养液,营养液的配方是:硫酸铵0.04%,过磷酸钙0.03%,氯化钾0.04%,硫酸镁0.05%。或者在1 000升水中加入硝酸钾810克,硝酸钙950克,硫酸铵500克,磷酸二氢钾350克,三氯化铁20克。用这样的营养液喷施在叶片上即可。

(2)**施基肥** 黄瓜对氮、磷、钾等养分需要量大,消耗营养物质的速度也快。特别是在春季种植时,施用充分腐熟的有机肥,有利于缓苗和发秧。基肥的施用量应根据土壤肥力和产量而定。温室、大棚栽培黄瓜,施肥量比露地栽培高,一般每667平方米施有机肥5 000~10 000千克,磷酸二铵30~50千克。施肥量的多少,也依季节而定。冬季地温低,光照弱,肥料分解慢,施肥量可大些;春季也可以适当减少10%~20%。

135. 怎样给定植后的黄瓜追肥?

黄瓜定植后,生长加快,而且植株营养体的生长和果实发育及收获同时进行,需肥量大。加之黄瓜根系浅,吸肥力弱,只有不断地追施肥料,才能满足果实的正常发育和营养体的健壮生长。在黄瓜采收根瓜前，植株的根系已基本构成，大量的幼嫩子房也已形成，有些果实已经开始发育，很快要进入盛瓜期，这时应开始追肥。每667平方米产黄瓜5 000千克以上，从定植到采收结束，共需追肥8～10次。追肥应掌握少量多次的原则。一般于定植缓苗后进行第一次追肥。

(1)催苗肥 缓苗后以促根控秧为主，尽量控制植株徒长，促进根系发育。施肥量不能太大。可根据幼苗生长情况适当追一次肥。一般每667平方米施尿素5千克。在距植株5厘米处开沟，施入肥料后覆土浇水。催苗肥施入后，植株生长逐渐加快，叶面积逐渐增大。此期为黄瓜的蹲苗期，不可过多追肥浇水，以免植株徒长而抑制坐瓜，主要以中耕为主。土壤中养分和水分充足，又经多次中耕，使土壤疏松透气，可有力促进根系发育，对防止植株后期早衰及植株死亡，有明显的作用。

(2)结瓜肥 黄瓜的追肥量，可以根据菜田土壤肥力和计划产量来确定。

①在高肥力菜田上的追肥量 每667平方米产量为1万～1.5万千克，其总追肥量为：尿素100～120千克，硫酸钾40～50千克。追肥：11月份至次年2月份，每21～25天冲施肥一次，每次每667平方米追施尿素5～10千克，硫酸钾3～4千克。3～5月份，每15～20天冲施肥一次，每次每667平方米追施尿素7～10千克，硫酸钾4～5千克。

②在中肥力菜田上的追肥量 每667平方米产量为5 000～8 000千克，总追肥量为：尿素70～90千克，硫酸钾30～40千克。具体的追肥时间及肥量为：11月份至次年2月份，每21～30天冲施肥一次，每次每667平方米追施尿素3～5千克，硫酸钾2～3千克。3～5月份，每10～15天冲施肥一次，每次每667平方米追施尿素5～10千克，硫酸钾3～4千克。

③在低肥力菜田上的追肥量 每667平方米的产量为

4 000～5 000 千克，总追肥量为：尿素 50～70 千克，硫酸钾 20～30 千克。追肥的时间及用量为 11 月份至次年 2 月份，每 21～30 天冲施肥一次，每次每 667 平方米追施尿素 3～5 千克，硫酸钾 1～2 千克。3～5 月份，每 10～15 天冲施肥一次，每次每 667 平方米追肥尿素 5～7 千克，硫酸钾 2～3 千克。

④结瓜盛期以后的追肥量 在适量追肥的同时，也可用 1% 的尿素液加 0.3%～0.5% 的磷酸二氮钾液，进行叶面追肥 2～3 次，促瓜促秧，延长黄瓜的采收期。在温室、大棚内增施二氧化碳，对黄瓜有明显的增产效果。二氧化碳浓度以 1 000～1 500 毫克/千克较好。晴天每天清晨日出后半小时开始施用，直到需要通风时停止，停施后半小时开始通风。

136. 不合理施肥会对黄瓜造成什么危害?

正常的黄瓜瓜形直，先端稍细。当植株缺肥而未能及时追肥时，就会形成化瓜或劣等瓜。弯曲瓜的形成，是由于支架或绑蔓不及时而形成的机械弯曲；养分和水分不足也可以形成弯曲瓜。当植株生长弱，干物质生产少时，易产生尖嘴瓜和大肚瓜。由于授粉不完全，受精瓜养分分配不均时，受精部分形成大肚，未受精部分变成尖嘴。一般来说，尖嘴瓜主要是干燥、盐类浓度障碍等造成，植株养分和水分吸收受阻所致。在不同的施氮水平条件下，少氮弯曲瓜与大肚瓜的发生率高；氮与钾施用量相等时，弯曲瓜发生率高；氮肥施用量多时，弯曲瓜减少。缺钾出现大肚瓜；多氮，缺钾，缺钙，缺硼，易产生蜂腰瓜；营养不足，植株长势弱，或肥料供应充足而植株长势过旺时，易产生溜肩瓜；在冬春季低温条件下栽培时，植株对钙的吸收受阻，特别是在幼苗期吸收钙受阻，也易发生。氮肥过多，浇水过量，营养生长过弱或过旺，易造成化瓜。定植后，蹲苗时间短，过早浇水追肥，使幼苗生长过旺，产生僵瓜；或追肥浇水过多，使植株茎叶生长过旺，反而抑制了瓜条的生长。

养分缺乏与过剩的危害，在低温，连作，或施用牛粪、鸡粪量大而使钾和钙在土壤中积累过多时，会造成镁的吸收受阻。叶片中镁的含量减少，钾和钙的含量增多，会使植株出现叶枯症，先从下部和中部叶脉间失绿，然后全部叶脉间失绿黄化。

137. 给黄瓜追肥需注意哪些问题？

(1)开始就要追肥 蹲苗结束后，在第一次浇水时就应追肥。

(2)要随水追肥 最好把追施的有机肥或化肥溶解在水中，随水追施。进入结瓜盛期后，可在大行距内开沟追肥，然后浇水；在大行距和小行距之间，应交替追施。一般先浇 1 次肥水，再浇 1 次清水，清水肥水应交替进行。

(3)要施用腐熟的有机肥 常用的有机肥，有人粪尿、饼肥和麻酱渣等，均要经过腐熟后才能追施。因此可在设施内埋放一个大缸，把饼肥等用水泡在缸内，待浸泡物起泡翻白沫，发酵沤制好后再用。每 667 平方米每次的追肥量，人粪尿为 500～1 000 千克，饼肥为 100 千克，麻酱渣为 50～75 千克。

(4)追施化肥要适量

①常用化肥及追施量 常用的化肥有硝酸铵、尿素、硫酸铵、磷酸二铵、复合肥和硫酸钾等。每 667 平方米每次的追肥量，结瓜初期为 10～20 千克，结瓜盛期为 20～30 千克。

②追肥注意事项 如采瓜期长，追肥次数多，每次的追肥量要小一些；如采瓜期短，追肥次数少，每次的追肥量可大一些。如追施的化肥含氮量高，每次的追肥量可小一些；如追施的化肥含氮量低，每次的追肥量可大一些。

③要交替用肥 不宜长期追施同一种氮素化肥，不同氮素化肥品种应交替追施。

(5)要看季节追肥 在气温较低的季节，如冬春季栽培的初期和夏秋季栽培的后期，可追施腐熟的有机肥和硝酸铵等；在气温较高的季节，如冬春季栽培的中后期和夏秋季的初期，可追施尿素、磷酸二铵等化肥。

138. 进行黄瓜叶面追肥需要注意哪些问题？

(1)叶面肥的种类及使用浓度

①喷施糖液 可选用葡萄糖、白糖、红糖等，以葡萄糖为最好，能补充黄瓜植株体内糖类的不足。0.5～1份糖类对水100份(0.5%～1%)，每667平方米每次喷施糖液50～70升。

②喷施尿素液 可用尿素补充黄瓜植株体内的氮素的不足。0.1～0.5份尿素对水100份(0.1%～0.5%)，每667平方米喷尿素液70升。

③喷施磷酸二氢钾液 可喷用磷酸二氢钾补充黄瓜植株体内磷、钾素的不足。喷时取磷酸二氢钾0.2～0.5份对水100份(0.2%～0.5%)，每667平方米喷施磷酸二氢钾液50升。

④喷施米醋液 可用米醋0.3份，对水100份(0.3%)喷施，既能提高光合效率，又能中和高温条件下产生的氨，使产量提高10%。在准备喷施的农药稀释液中，加入1%的醋，能提高防治效果。

⑤喷施各类单一微肥 可弥补黄瓜植株体内某种元素的不足，一般每667平方米每次喷微肥液50升。

(2)施用要求

第一，严格按使用浓度配制，不可盲目加大使用浓度，不然会造成烧叶。由于叶面肥使用浓度较低，最好用河水、雨水等稀释配制。

第二，在叶面肥使用浓度范围内，幼苗期宜用低浓度，成株期宜用高浓度。

第三，露地可选晴天无风时，在16小时以后喷施；设施内可在晴天上午喷施。喷时全株要喷施均匀，叶片正反面都要喷到。

第四，一般 10 天左右喷一次，在结瓜盛期可 7 天左右喷一次。

第五，叶面追肥只是一种辅助性措施，不能单纯依靠叶面追肥。要想满足黄瓜植株的养分要求，还要培育出强大的根系。调控出适宜的温湿条件和光照条件，并施足有机肥和化肥。

(3)喷施时期

①幼苗期　幼苗根系弱小，可通过叶面追肥来补充幼苗体内养分的不足。

②结瓜期　既要保证茎叶的正常生长，又要多次采收瓜条，单靠根系难以满足黄瓜植株的养分需求，可通过叶面追肥来补充。

③地温较低的季节　黄瓜根系吸收能力弱，可通过叶面追肥来改善养分条件。

④灾后速喷　当黄瓜植株遭受病害、虫害、日晒、冰雹、弱光等灾害时，可通过叶面追肥迅速为植株补充养分，提高黄瓜植株的抗逆性。

(4)常用的叶面肥混用配方

①尿素 0.2 份，磷酸二氢钾 0.2 份，对水 100 份，可在苗期使用。

②糖类 0.5～1 份，尿素 0.2～0.5 份，对水 100 份，宜在植株生长衰弱、光照不足时，或受灾后，发病初期、结瓜期、幼苗期使用。

③糖类 0.5 份、醋 0.5 份，对水 100 份，具有抗寒抗病作用。

④尿素 0.8 份、中性洗衣粉 0.2 份，对水 100 份，可兼治成株期蚜虫、白粉虱等。

139. 黄瓜氮素失调有哪些症状?

(1)缺氮症状　主要表现在叶片上，叶片薄而小，黄化均匀，不表现斑点状。黄化先由下部老叶开始，逐渐向上发展，幼叶生长缓慢。叶片先从叶脉间黄化，叶脉凸起，然后发展到全叶黄化；花小，化果严重，果实短小，色淡或呈灰绿色并且多刺，畸形瓜增多。茎蔓变细，呈淡绿色，全株矮小，长势弱，易化瓜和出现尖嘴瓜。缺氮严重时，整个植株黄化，不能坐瓜。

(2)**氮过剩症状** 氮素过剩症状在设施蔬菜栽培中经常出现，其特征是叶片肥大且浓绿，中下部叶片卷曲，叶柄稍微下垂，叶脉间凹凸不平，植株徒长，易染病害。受害严重的叶片及叶柄萎蔫，植株在数日内枯萎死亡。

140. 黄瓜缺磷会出现哪些症状?

黄瓜缺磷植株生长受阻，发生矮化，茎叶变细，叶片变小而硬化，叶色深绿，无光泽，叶片平展并微向上挺，老叶有明显的暗紫红色斑块，有时斑点变为褐色，下部叶片易脱落。严重缺磷时，子叶或老叶出现大片水浸状斑块，并向幼叶蔓延，斑块逐渐变褐干枯，下位叶凋萎、脱落。全株萎缩，瓜条小，暗绿色，生长发育慢。在土壤氮素含量过高的情况下，缺磷症状除表现叶片小，浓绿和矮化外，叶片还表现为皱曲。在氮磷同时缺乏时，植株生长缓慢，叶片小，化瓜严重，但是叶片不浓绿。

141. 黄瓜缺钾会出现哪些症状?

黄瓜缺钾后生长缓慢，植株矮小，叶片变小，节间短缩，主脉下陷，叶片青铜色而边缘为黄绿色，叶片卷曲，严重时叶缘呈烧焦状干枯。在黄瓜生长初期缺钾，叶缘出现轻微黄化，随后叶脉间黄化，叶片外卷曲，叶缘干枯；严重时，叶片坏死，老叶枯死部分与健全部分的界限明显。后期叶脉间失绿向叶片中部发展，随后即枯死。失绿症状先从植株下部老叶上出现，逐渐向上部新叶发展。果实中部和顶部膨大伸长受阻，比正常瓜短而细，形成粗尾瓜、尖嘴瓜或大肚瓜。

在铵态氮施用量太多和速效磷含量低的情况下，如土壤缺钾，将加重缺钾症状，叶片浓绿，凹凸不平，叶缘失绿。在土壤钾素供应不足的设施菜田土壤上，常伴有缺钙现象的发生。黄瓜缺钾和缺钙的复合缺素症状，除叶缘失绿外，叶脉间也可表现出失绿症状，生长点也发生萎缩。

142. 黄瓜缺钙、镁会出现哪些症状?

(1)**缺钙症状**　偏施氮肥和钾肥，土壤盐渍化，土壤缺水，或因多年种菜，土壤中钙含量减少，都可造成黄瓜缺钙。缺钙植株幼叶的叶缘和叶脉间出现透明白色斑点，上部叶片叶脉间失绿黄化，多数叶片叶脉间失绿，植株矮小，节间缩短，尤其是顶端节间更短。幼叶长不大，叶缘黄化并向上或向下卷曲，从叶缘向内逐渐枯萎。顶芽坏死，叶柄变脆易断，不易结瓜；严重者，根部枯死，植株顶部干枯死亡，或出现土壤盐渍化的症状，如“镶金边”叶和降落伞状叶。

缺钙是叶缘先出现缺钙症状，产生黄化边，然后向内侧不断发展。叶缘黄化，整张叶子向四周下垂，呈降落伞状。

(2)**缺镁症状**　土壤缺水，地湿偏低，有机肥施用不足，偏施氮、钾肥，或土壤中缺镁，都可造成黄瓜植株缺镁。其症状，首先是老叶叶脉间失绿黄化，失绿部分逐渐向叶缘发展，叶脉间都黄化，但主叶脉仍为绿色，叶缘尚残留一些绿色；严重时，叶脉间全部褪色发白，与叶脉的绿色呈明显对比。有时失绿表现在叶脉间出现大的凹陷斑，最后斑点坏死，叶子萎缩，严重者全株枯死。

143. 黄瓜硼失调会出现哪些症状?

(1)**缺硼症状**　土壤偏碱(pH 值高)，砂质土壤，土壤缺水，施钾肥太多，或多年老菜田施用有机肥不足，土壤缺硼，都易造成植株缺硼。黄瓜缺硼植株脆弱，中下部叶片轻度失绿并出现水浸斑，嫩枝顶部叶片畸形，不能充分伸展，幼瓜有时死亡。正在膨大的瓜条畸形；带有纵向的白色条纹，或瓜条开裂，有黄白色分泌物产生，瓜质粗，瓜皮木质化。生长点附近的节间明显缩短，严重缺硼时，生长点及腋生侧枝顶端坏死，较嫩的叶片向上卷曲，叶缘部分变褐，最后死亡。死亡组织呈灰色，植株生长缓慢或停止生长。黄瓜缺硼与缺钙的主要区别是：缺钙，叶脉间黄化；而缺硼，叶脉间不黄化。

(2)**硼过剩症状** 首先表现在下部叶片的叶尖发黄，并逐渐发展到整个叶缘，使叶片呈镶黄边状。在种子发芽出苗时，第一片真叶顶端变褐，向内卷曲，逐渐全叶黄化。这种症状是在配制营养土时，硼肥施用过量的表现。

144. 黄瓜缺铁、缺锌、缺铜会出现哪些症状？

(1)**缺铁症状** 土壤偏碱，过量使用磷肥，土壤缺水或偏湿，或土温偏低，都可造成黄瓜缺铁。铁在植株体内的移动性较差，黄瓜缺铁时，植株生长正常，叶缘不发生病变，一般下部叶片也不表现病症，病症主要集中在上部叶片，上部的新叶全叶黄化，严重的变成黄白色。缺铁的黄瓜植株，叶片叶脉为绿色，叶肉变为黄色，逐渐呈柠檬黄色至白色，叶缘坏死，完全失绿，以上部叶及生长点附近叶片发病重。幼芽停止生长，瓜条发黄。在诊断时，要注意观察是叶片全部黄化，还是局部黄化。如出现斑点状黄化或叶缘黄化，则可能是其他生理病害。在以土壤为基质的蔬菜栽培上，缺铁现象较少见。

(2)**缺锌症状** 土壤中含磷较多，土壤 pH 值偏高，植株吸收磷太多，或光照太强，都会造成黄瓜缺锌。锌在植株体内是较易移动的养分，因此，缺锌多出现在中、下部叶，表现为从中部叶开始黄化，随着叶脉间逐渐失绿，叶缘由黄化转变为褐色，因叶缘枯死，故叶片向外侧稍微弯曲；而上部叶一般不发生黄化。生长点附近节间缩短，嫩叶生长不正常，芽呈丛生状。缺锌与缺钾症状类似，二者的主要区别是，缺钾是叶缘先黄化，并逐渐向内发展；而缺锌则是全叶黄化，并由叶的中部逐渐向叶缘发展。

(3)缺铜症状 在土质黏重或富含有机质的土壤上种植黄瓜，易使黄瓜缺铜。缺铜黄瓜植株节间缩短，幼叶变小，老叶的叶脉间出现失绿，并向幼叶发展；后期呈绿色到褐色变化，并出现坏死，叶片枯萎。

145. 黄瓜锰失调会出现哪些症状?

(1)缺锰症状 土壤偏碱或地下水位较浅，会造成黄瓜缺锰。缺锰植株顶部及幼叶间失绿，出现浅黄色斑纹，初期末梢仍保持绿色，出现明显网纹状；后期除主脉外，叶片都成黄白色，叶脉间出现下陷的坏死斑；老叶白化最重，首先枯死；幼芽常呈黄色，新叶细小，生长受阻。

(2)锰过剩症状 向土壤中大量施用石灰，土壤太湿，施肥过量，或大量施用含锰农药，或在通气不良的黏质土壤上，可造成锰过剩症状。首先表现出叶的网状脉变褐，接着是支脉变褐，然后是主脉变褐。这种症状先从下部叶片开始，逐渐向上部叶发展。植株生长受到抑制。茸毛变成黑色，叶柄稍显黑褐色。

146. 怎样进行塑料中、小棚春早熟黄瓜的水肥管理?

(1)定植前施基肥 定植前10～15天，结合整地，每667平方米施腐熟厩肥5 000～6 000千克，或腐熟的鸡粪2 000～2 500千克，耕翻耙平后做成60厘米宽的小高畦。然后每667平方米再施饼肥150～200千克，或三元复合肥40～50千克。

(2)定植后水肥管理 根瓜坐住后进行第一次追肥，可在畦的两侧开沟，每667平方米施腐熟鸡粪800～1 000千克，或腐熟粉碎的饼肥150～200千克，或三元复合肥25～30千克。施肥后及时浇水。进入结瓜盛期，增加追肥、浇水次数。一般情况下，每

5～7天浇一次水，每10～15天追肥一次；进入炎夏，每3～4天浇一次水，追肥最好是速效氮素化肥和腐熟人粪、尿，或饼肥水，交替施用。浇水要在傍晚进行，以利降低夜温。开始大量浇水时，可以既浇畦又浇沟。

147. 怎样进行塑料大棚春茬黄瓜的水肥管理？

(1)定植前施基肥 在黄瓜定植前整地时施足基肥，一般每667平方米施腐熟堆肥4 000～6 000千克，过磷酸钙50～100千克，草木灰50千克，施后深翻，平整土地，按种植行开沟，沟施腐熟厩肥300～400千克。

(2)定植后的水肥管理 根瓜坐住后进行第一次追肥，每667平方米开沟施入腐熟、细碎饼肥100千克和草木灰100千克，封沟后浇水。以后每隔10～15天追1次肥，每667平方米施入硫酸铵10～15千克或腐熟的人粪尿250～500千克。结瓜前期，需水较少，一般5～7天浇一次水，进入结瓜盛期，植株需水量增加，一般3～5天浇一次水。

148. 怎样进行日光温室冬春茬黄瓜的水肥管理？

(1)定植前施基肥 结合深翻整地，每667平方米撒施腐熟优质有机肥10 000千克，过磷酸钙50～75千克，硫酸钾15千克，尿素10千克。

(2)定植后的水肥管理 前期以控为主，尽量少浇水，少追肥，不发生干旱不浇水，以促进根系的生长，控制茎叶徒长。生长中后期，一般结瓜初期浇第一次水，可进行1～2次叶面追肥，喷施0.2%的磷酸二氢钾或0.3%的尿素溶液。进入结瓜前期浇第二次水，每667平方米冲施尿素10千克，磷酸二铵15千克，硫酸钾

10 千克。以后每 10～15 天浇一次水，隔一水冲施一次氮、磷、钾速效化肥，每 667 平方米冲施尿素 10 千克，磷酸二铵 10 千克，硫酸钾 10 千克。进入结瓜中期，一般 7～10 天浇一次水，每次每 667 平方米冲施尿素 10 千克，硫酸钾 10 千克。结瓜后期，一般每 5～10 天浇一次水，可少量冲施发酵的人粪尿或饼肥水；也可每 667 平方米冲施尿素 5 千克。

149. 怎样进行日光温室秋冬茬黄瓜的水肥管理？

(1) **定植前施基肥**　前茬蔬菜收获后，及时施肥整地，一般每 667 平方米撒施腐熟的优质厩肥 5 000～6 000 千克，过磷酸钙 50 千克，草木灰 50 千克。

(2) **定植后的水肥管理**　黄瓜定植后，在表土见干时浇一次缓苗水。在吊蔓前进行一次追肥，每 667 平方米追施尿素 10 千克，追肥后浇水。结瓜前期，要勤浇水，以土壤见干见湿为准。每次浇水量不宜过大，浇水要在早晨进行。结瓜盛期，水肥要充足，一般追肥 2～3 次，每次每 667 平方米施尿素 10～15 千克，硫酸钾 10 千克，或腐熟人粪尿 500～750 千克，随水冲施。浇水间隔为 7 天左右。结瓜后期，一般 10 天左右浇一次水，基本不追肥。

150. 西葫芦的生长发育有何特点？

西葫芦根系发达，直播时主根入土达 2 米以上；育苗移栽时，主根入土达 1 米以上，横向扩展范围为 2 米左右。因此，吸水吸肥能力强。根系生长快，木栓化较早，受伤后再生能力较弱，所以，西葫芦宜直播栽培。育苗移栽时，要加大株距，并采取护根措施。苗龄不要过长，以减少定植时的伤根量。

西葫芦较其他瓜类耐低温，也抗高温。其生长发育适温为 18℃～28℃，开花结果适温为 22℃～25℃。温度降到 8℃～10℃

时，果实仍能生长。在长日照条件下，有利于雄花发育，雌花发生较少；短日照条件下，雌花增加，对长日照反应不敏感。

西葫芦抗旱、抗瘠薄能力强，对土壤要求不严格，适应范围广，但适宜土壤深厚，肥沃疏松的砂壤土，以利根系在低温下保持较强的生长势和吸收能力，提早收获和延长结果期。适宜的土壤酸碱度为 pH 值 5.5～6.8。在肥力不高的土壤中能正常生长，而在肥沃的土壤上栽培，则易徒长而落花落果。

从子叶展开，第一片真叶微露，到第五、第六片真叶展开为幼苗期，需 12～15 天。从出苗到雌花开放，需 40～45 天，雌花开放到坐果需 3～7 天，坐果到果实成熟需 30～45 天。

151. 西葫芦的需肥有何特点？

西葫芦由于根系强大，吸肥吸水能力强，比较抗旱耐肥。对养分的吸收以钾最多，氮次之，再其次为钙和镁，磷最少。每生产 1 000 千克西葫芦果实需吸收纯氮 3.92～5.47 千克，磷 2.13～2.22 千克，钾 4.09～7.29 千克，吸收的比例为 1∶0.46∶1.21。生产一茬西葫芦，大约需从土壤中吸收氮 18.8～32.9 千克，五氧化二磷 8.72～15.26 千克，氧化钾 22.76～39.83 千克。生产中重施基肥，并以有机肥和氮、磷、钾肥配合施用，有利于营养生长和生殖生长的平衡，易获高产。

西葫芦在不同生育期，对养分的需求有所不同。出苗后到开花坐瓜以前，供给充足的氮素，促进植株生长，为果实生长奠定基础。在生育前期，对氮、磷、钾、钙、镁的吸收量小，植株生长缓慢。在生育中期，随着营养生长和生殖生长的同步进行，对氮、磷、钾的吸收量显著增加，这时增施氮、磷、钾肥，有利于促进果实的生长，提高植株连续结瓜的能力。在生育后期，西葫芦生长量和吸收量还在继续增加。因此，在西葫芦栽培中，施用大量腐熟有机肥，在中后期及时追肥，对优质高产十分重要。

152. 怎样给西葫芦施苗肥和基肥？

(1)配制营养土 培育西葫芦秧苗，可用腐熟的有机肥和未种过瓜类蔬菜的菜田土配制苗床营养土，也可用营养钵或纸袋装营养土，排放在育苗床内育苗。用营养钵育苗，可适当延长苗龄，能缩短定植后至采收的生长期，提早上市，增加经济效益。

营养土是育苗的专用土壤，应能保证在整个育苗期间有充足的养分供应，保持土壤疏松而不易散坨。营养土的配制方法是：取菜田土 4 份，腐熟马粪或牛粪或草炭土 3 份，猪圈粪 3 份，并且在每立方米土中加入尿素 1 千克，过磷酸钙 1 千克，硫酸钾 0.5 千克，或氮、磷、钾复合肥 2 千克。土肥混匀时，喷清水和喷洒 50%多菌灵 500 倍液，进行加湿、消毒，过筛后堆沤 2～3 天，即可分装备播。

(2)施足基肥 进行西葫芦冬春茬栽培，为防止冬季低温追肥不及时而发生脱肥，应施足基肥。整地前浇透水，当土壤适耕时，每 667 平方米撒施腐熟有机肥 4 000～7 000 千克，磷酸二铵 30～50 千克，深翻 30 厘米。施肥后闭棚升温烤地 5～7 天后再定植，也可用硫黄或百菌清烟剂熏蒸灭菌。

153. 怎样给定植后的西葫芦追肥？

(1)催苗肥 日光温室冬春茬栽培西葫芦，定植后的缓苗期，也是新根生长阶段，根系生长快，茎叶生长不明显。因此，西葫芦定植后，应保持较高的地温，促进根系生长，防止低温冷害造成沤根和烂根。缓苗后要及时浇水。结合浇水，可随水每 667 平方米冲施尿素 10 千克，然后控水蹲苗。

(2)结瓜肥 进入结瓜期，也是冬季气温较低，不利于瓜秧生长的时期。此期营养生长和生殖生长同时进行，协调好二者的关系，平衡施肥是关键。应根据土壤肥力和产量状况进行追肥。

①在高肥力菜田上的追肥量 每 667 平方米产量为 5 000～

7 000 千克时，总追肥量为：尿素 80～90 千克，硫酸钾 50 千克。每 20 天左右冲施一次，每次每 667 平方米追施尿素 15～20 千克，硫酸钾 10～12 千克。

②在中肥力菜田上的追肥量 每 667 平方米产量为 5 000 千克时，总追肥量为：尿素 70 千克，硫酸钾 40 千克。每 20 天左右冲施一次，每次每 667 平方米追施尿素 12～15 千克，硫酸钾 8～10 千克。

③在低肥力菜田上的追肥量 每 667 平方米产量为 4 000 千克时，总追肥量为：尿素 60 千克，硫酸钾 30 千克。20 天左右冲施一次，每次每 667 平方米追施尿素 10～12 千克，硫酸钾 6～8 千克。追肥时，先将肥料溶于水然后随水灌于地膜下的暗沟中。浇水后封严地膜，加强放风排湿。

④盛瓜期叶面喷肥 西葫芦进入盛瓜期，除进行土壤追肥外，还可进行叶面施肥，以补充根系吸收养分的不足。可喷施 0.1% 的尿素加 0.2%磷酸二氢钾溶液。每次浇水施肥后注意放风排湿和防病，并及时采瓜，以防瓜大消耗养分而造成坠秧和化瓜。结瓜后期，植株衰老，应适当减少肥料用量。

从第一个根瓜坐住后开始，在光照不足、气温低、光合作用弱、植株长势差的情况下，除适时适量对叶面喷施尿素、磷酸二氢钾或微量元素肥料外，还应重施用二氧化碳气肥。一般选晴天，在上午日出后（或揭帘后）半小时左右，温度升至 15℃时，开始施用二氧化碳气肥，施用浓度为 1 000～1 300 毫克/千克，3～5 天施一次，每次 2 小时，可提高坐果率，延长结瓜期。

154. 怎样进行塑料中、小棚早春茬西葫芦的水肥管理？

(1)定植前施基肥 定植前 10～15 天施肥、整地，一般每 667 平方米施腐熟厩肥 3 000～4 000 千克，或腐熟鸡粪 1 500～2 000

千克。施肥后深耕，耙细，做畦。

(2)缓苗至初花期水肥管理 如定植时浇水量不大，植株表现缺水时，可在晴天上午浇一次水。植株雌花现蕾时，可在距植株10厘米处开浅沟施肥，每667平方米施腐熟细碎大粪干或鸡粪500～1 000千克，或三元复合肥30～40千克。施肥后浇水。

(3)开花结瓜期水肥管理 进入结瓜期后，一般每采收1～2次浇一次水，每隔一水追一次肥，每667平方米施尿素10～15千克，硫酸钾10～15千克，或冲施腐熟人粪尿500～1 000千克。

155. 怎样进行塑料大棚早春茬西葫芦的水肥管理?

(1)定植前施基肥 定植前7～10天，每667平方米撒施腐熟、粉碎的优质厩肥4 000～5 000千克，磷酸二铵20～30千克，或过磷酸钙50～70千克，碳酸氢铵20～30千克。施肥后深翻，耙平，然后做成1.5米宽的平畦。

(2)缓苗至初花期水肥管理 选晴天上午，中耕2～3次，然后施1次催苗肥，每667平方米追肥三元复合肥10～15千克，开沟施肥后浇水。根瓜开始膨大时(长6～10厘米)，追施催瓜肥，浇催瓜水，每667平方米沟施腐熟、细碎的大粪干或鸡粪400～500千克，然后浇水。

(3)结瓜期水肥管理 一般每采收一次嫩瓜浇一次水，每次浇水都需要冲施肥料，每次每667平方米冲施三元复合肥10～15千克，或腐熟人粪尿400～500千克。后期可在傍晚浇水，并配合进行叶面追肥，可喷施0.2%的磷酸二氢钾溶液。

156. 怎样进行日光温室冬春茬西葫芦的水肥管理?

(1)定植前施基肥 一般可结合深翻土壤，每667平方米撒施腐熟的优质有机肥 5 000 千克，腐熟鸡粪 1 000 千克，过磷酸钙 50 千克或磷酸二铵 20 千克，硫酸钾 30 千克。土肥混匀后耙平搂细。

(2)**定植后的水肥管理** 定植时浇水充足，则根瓜坐住前一般不追肥浇水。当第一个瓜坐住并开始膨大时，进行追肥浇水，每 667 平方米追施尿素 10～15 千克，硫酸钾 10～15 千克。根瓜采收后，第二个瓜正在膨大时，进行第二次追肥浇水，追肥量同第一次。结瓜中、后期，一般每采收一次嫩瓜浇一次水，并每 667 平方米施尿素 8～10 千克，硫酸钾 10 千克。温度较高时，可在大行间浇水，也可大、小行交替浇水。生长后期，还可随水冲施腐熟人粪尿，每 667 平方米施 500 千克。

157. 西瓜的生长发育有何特点?

西瓜为一年生蔓性草本植物，根系比较发达，入土深度可达 1.2～1.5 米。侧根伸展范围达 4～6 米，主要根群分布在地下 10～40 厘米土层内。西瓜根系木质化程度早而强，因此受伤后再生能力弱。新生根长势弱，移栽时必须采取护根措施，防止伤根。生长适宜温度为 25℃～30℃。西瓜喜光，每天需日照时间 10～12 小时。耐旱怕涝，适宜的空气相对湿度为 50%～60%。根系具有明显的好气性，适宜在孔隙多、排水良好、土层深厚的冲积砂土或砂壤土上种植。对土壤酸碱性适应范围较广，在 pH 值 5～7 的范围内可以正常生长。

西瓜生育周期可分为发芽、幼苗、抽蔓和结瓜四个时期。从播种至第一片真叶露心为发芽期，需 10～15 天。从第一片真叶露心到 5～6 片真叶圆棵为幼苗期，在气温 15℃～20℃时，需 25～35 天。此期地下根系开始旺盛生长，地上部分的茎叶也有一定的增长，花芽开始分化形成。从幼苗团棵至第一结瓜部位雌花开放为抽蔓期，在气温 20℃～25℃时，需 15～20 天。此时各器官进入旺盛生长阶段，茎蔓迅速生长，叶片增多增大，雌雄花逐渐发育成熟。

从留瓜节雌花开放到果实成熟为结瓜期，需 30～40 天。从雌花开放到果实褪毛，是茎叶生长最旺盛的时期，植株生长中心从茎蔓顶端转到果实中。从果实褪毛至体积基本定型，是果实生长最旺盛的阶段，果实重量的 75%都是在此期内形成的。从定个至果实充分成熟，主要是果实内大量的生物化学变化，肉质由紧密转为脆松适口，还原糖含量下降，蔗糖、果糖含量上升，甜度显著增加。

158. 西瓜的需肥有何特点？

西瓜生长期较长，需肥量较大。在整个生育期内，吸钾最多，氮次之，磷最少。不同的生育期，氮、磷、钾吸收量有很大的差异。发芽期吸收量最少，仅占总吸收量的 0.01%。幼苗期吸收量为总吸收量的 0.54%。抽蔓期生长量增加，生长速度加快，吸收量占总吸收量的 14.6%。在结瓜期，生长量最大，吸收的氮、磷、钾量占总吸收量的 84.85%。在结果期，钾的吸收量增加，而氮的吸收量相对减少。每生产 1 000 千克西瓜，需吸收纯氮 2.52 千克，磷 0.81～0.92 千克，钾 2.86～3.38 千克，吸收比例为 1∶0.34∶1.24。西瓜对硼、锌、锰、钼等微量元素的反应较敏感，对钙、镁、铁、铜也有一定的要求。

在各营养元素中，钾既能明显提高产量，又能改善品质。随着钾用量的增加，植株抗病毒病、枯萎病和炭疽病的能力明显提高。钾对叶片的氮代谢有较好的协调作用。西瓜为忌氯作物，因此，尽量不要施氯化钾、氯化铵等含氯离子的肥料，以免降低西瓜品质。

159. 在西瓜苗期应怎样施肥？

优质壮苗是西瓜早熟高产的基础，最好采用纸袋、塑料袋和营养钵等容器进行育苗，采用容器育苗可保护西瓜的根系，并有利于其发根。

(1)营养土的配制 取未种植过瓜类作物的大田土壤 6 份，腐熟圈肥3份，腐熟骡马粪1份，混匀过筛后，在育苗前用百菌清和敌百虫对土壤进行杀菌灭虫处理。然后填入苗床或装营养钵。配制营养土所用的土壤应在冬前准备好，每隔一定时间将表层风化土壤刮到一边，使下一层再被风化。用于配制营养土的土壤应该全部风化一遍。配制营养土的有机肥应充分腐熟，不能用瓜皮及瓜蔓堆沤的土杂肥。每立方米营养土可加入尿素0.5千克，过磷酸钙1.5千克，硫酸钾0.5千克，将以上土肥混匀过筛备用。各种化肥用量不能随意提高。

(2)壮苗标准 苗龄30天左右(嫁接育苗40～45天)，具有3～4片真叶，子叶和真叶大而肥厚，叶柄短粗，叶片上茸毛多并有蜡粉。叶色浓绿，下胚轴粗壮，高度不超过5厘米。根系发达量大，白嫩根多。

160. 怎样在西瓜定植前施基肥？

用日光温室、大棚栽培西瓜，应该施足基肥，以防后期脱肥影响产量。基肥以腐熟优质有机肥为主，如厩肥、鸡粪、堆肥、饼肥、油渣等。并配施氮、磷、钾素化肥。

进行大棚西瓜早熟栽培，应在定植前10～15天扣棚，以提高地温。冬闲地应在秋季深翻20～35厘米，耙2～3遍，然后挖定植沟(也称丰产沟)，即在西瓜栽植行挖一条深沟，填入熟土和基肥，以备做畦定植。在沟内集中施入基肥，并用高锰酸钾、多菌灵等对土壤、立柱、棚体消毒，用辛硫磷杀虫剂进行土壤杀虫。土壤肥力低的棚室，每667平方米施优质腐熟有机肥(以鸡粪较好)4 000～6 000千克；中等肥力以上的棚室，每667平方米施腐熟优质有机肥2 000～4 000千克，并加饼肥100千克。同时，每667平方米施过磷酸钙40～60千克，硫酸钾15～25千克，或氮磷钾三元复合肥30～40千克。还可配施硫酸锌和硼砂，每667平方米用量为1.5千克。将肥料和回填土混匀后回填到丰产沟内。因沟内基肥用量大,若混合不均匀,则容易伤根烧苗。

161. 怎样在西瓜定植后进行追肥?

在施足基肥的基础上,根据西瓜植株长势决定追肥用量和次数。西瓜定植后水肥管理的原则是:结瓜前控,结瓜后促,促控结合,以达到瓜蔓不徒长,不早衰,早结瓜、结大瓜的目的。

(1)**施催苗肥** 定植后可追施催苗肥。结合浇缓苗水,在西瓜根附近开一浅沟,每株追施尿素 8～10 克。

(2)**施催蔓肥** 西瓜伸蔓后,追肥可促进茎蔓生长,为开花结瓜奠定物质基础。这次追肥以氮、钾为主,但要控制氮肥用量,以免引起瓜蔓徒长,影响坐瓜。每 667 平方米追施腐熟饼肥 75～100 千克,或大粪干 500～700 千克。如用化肥时,每 667 平方米追施尿素 10～15 千克,硫酸钾 5～7 千克。在两棵植株间开一小沟,施肥后将土肥混匀,拍实即可。对于早熟品种或弱苗,可提前追肥,以利瓜蔓生长。

(3)**施结瓜肥** 结瓜期是西瓜的需肥高峰期,也是追肥的关键时期。要求氮、磷、钾齐全,并增大追肥量。特别是钾肥要充足,以提高西瓜的品质。在西瓜长至直径 3～5 厘米大小时,在植株外侧 30～40 厘米处开沟追肥,也可随水冲施。每 667 平方米追施磷酸二铵 15～20 千克,硫酸钾 10～15 千克。也可结合浇水冲施人粪尿 500 千克。当西瓜坐住后 15 天左右,果实长到直径为 15 厘米左右时,每 667 平方米追施尿素 5～7 千克,过磷酸钙 3～4 千克,硫酸钾 4～5 千克或氮磷钾复合肥 10～15 千克,可随水冲施。

西瓜膨大期对磷、钾需求较多,除土壤追肥外,还可叶面喷施氮、磷、钾肥。也可结合喷药进行,在药液中加入 0.2%～0.3%的尿素和磷酸二氢钾(二者各半),每 10 天左右喷一次。

除追施大量元素肥料外,还应配施微量元素肥料。硫酸锌除做基肥外,还可作种肥和追肥,用 0.1%硫酸锌溶液浸种,或每千克西瓜种子用1克硫酸锌，也可将其加入到种衣剂中，或用0.01%～0.05%硫酸锌溶液喷施。硼砂用0.1%溶液浸种，或0.01%～0.05%的溶液喷施。硫酸铜作基肥每667平方米用量为0.1～0.3千克，浸种浓度为0.1%，喷施浓度为0.05%。钼酸铵作基肥，每667平方米用量为50～100克。

用稀土元素喷施西瓜，既能提高西瓜产量，又能改善西瓜品质。在西瓜伸蔓期和花期，用常乐益植素（硝酸稀土）0.3%～0.5%的浓度喷施，一般伸蔓期每667平方米用液量为20～30升，盛花期用量以40～50升为宜。

冬季选择晴天上午揭草帘后0.5～1小时，施用二氧化碳气肥，浓度为800～1 300毫克/千克，可提高西瓜的光合强度，增加坐果率，提高产量。

162. 不合理施肥对西瓜会造成什么危害?

(1)产生畸形瓜　西瓜花芽分化时，花的发育受到障碍，受精的种子偏在果实的某一面，导致瓜瓤生长速度不平衡，最后形成畸形瓜。此外，花芽分化时，进入子房的钙量不足时，坐瓜后也会发生畸形。在温室或大棚中栽培西瓜，会因低温、干燥、多肥、缺钙等原因，而产生扁圆瓜。防止方法是深耕土壤，增施有机肥，促进根系发育，使土壤中的钙能很好地被吸收。同时还要注意适量追肥及保温。

(2)发生叶枯病　在果实膨大后期，坐瓜节位处的叶片上，叶缘发生黑褐色的枯焦，严重时叶脉间出现褐变组织，叶缘向内侧卷曲，老化枯萎。以此叶为中心，向上部或下部叶片蔓延。此病主要是缺镁造成的。果实迅速膨大时，大量的镁向成熟果实中运转，当镁从根系吸收受阻时，就从果实附近的叶片中调运，造成叶片中镁的缺乏。正常植株叶片中镁的含量为0.41%～0.54%，而叶枯病病株中的含量仅为0.19%～0.26%。砂质土中镁含量低，钙与钾的含量高，或非常干旱时，都易发生叶枯病。

163. 怎样进行日光温室早春茬西瓜的水肥管理？

(1)定植前施基肥 一般整地时每667平方米施用腐熟厩肥4 000～5 000千克，过磷酸钙50千克，硫酸钾15～20千克，腐熟饼肥100千克。有机肥的50%在耕翻时普施，其余的肥料则撒施到宽30厘米、深50厘米的沟内。

(2)定植后的水肥管理 日光温室西瓜前期浇水量不宜太大。缓苗后保持地表见干见湿，控制浇水，提高地温，促进根系生长发育。伸蔓期，在吊蔓前浇两次水，可促进发根伸蔓。同时，在瓜垄两侧开浅沟，每667平方米施三元复合肥20千克，硫酸钾5～10千克，然后浇水。开花坐瓜期不浇水，以防止植株徒长，促进坐瓜。幼瓜坐住后，长到鸡蛋大小时，可结合浇水每667平方米冲施复合肥20千克，硫酸钾10千克。膨瓜期内3～4天浇一次水，以促进幼瓜膨大。西瓜定个后，每隔5～7天浇一次水。采收前7天左右停止浇水，以促进西瓜转熟和品质提高。为防止蔓叶早衰，可用0.3%的磷酸二氢钾喷施1～2次。可在二茬瓜坐住后，头茬瓜采收后，每667平方米再追施三元复合肥15千克。

164. 怎样进行日光温室冬春茬甜瓜的水肥管理？

(1)定植前施基肥 结合整地，每667平方米施腐熟厩肥5 000千克，或腐熟鸡粪3 000千克，过磷酸钙50千克，或三元复合肥50千克，或磷酸二铵20千克，硫酸钾20千克做基肥。结合施基肥，每667平方米施入镁肥3～5千克，硼锌等微肥2～3千克，可改善甜瓜品质。

(2)定植后的水肥管理 幼苗摘心后，进行第一次追肥。每

667平方米施尿素10千克，硫酸钾10千克，施肥后浇水。定瓜后，进行第二次追肥，每667平方米追施磷酸二铵20千克，硫酸钾10千克，随水冲施。相隔7～10天后，再浇一次水。以后一般不再浇水。双层留瓜时，在上层瓜定瓜后再追第三次肥，每667平方米施硫酸钾15～20千克。生长期间可喷施叶面肥2～3次0.2%磷酸二氢钾溶液，以促进植株的生长发育。

七、常见叶菜类设施蔬菜的施肥

165. 甘蓝的生长发育有何特点?

甘蓝又称包心菜、莲花白、茴子白等。主根不发达,但须根多,易发生不定根,生长势强。营养生长期分为发芽期(需 20 天左右),幼苗期(从第一片真叶到 6~8 片真叶,需 30~40 天),莲座期(由 6~8 片真叶到长出 24 片真叶,需 20~40 天)和结球期(结球到收获,需 25~50 天)。

甘蓝喜温暖,抗严霜,耐高温。结球期适温为 15℃~20℃,空气相对湿度为 80%~90%,土壤湿度为 70%~80%。属长日照作物,对光照强度的适应范围较广。甘蓝要求土壤肥沃,喜肥并耐肥。耐盐碱性强,在含盐量为 0.75%~1.2%的情况下,能正常结球,对土壤酸碱度以微酸性到中性最适宜。

166. 甘蓝的需肥有何特点?

甘蓝在适宜的栽培条件下,从播种定植到开始结球,生长量逐渐增加,氮、磷的吸收量也逐渐提高,约占总吸收量的 15%~20%;但钾的吸收量较少,为 6%~10%。开始结球后,养分的吸收量迅速增加,氮、磷的吸收量占总吸收量的 80%~85%,而钾的吸收量最多,要占钾素总吸收量的 90%左右,此期对叶中有 20%的养分被转移到叶球。

甘蓝生长前半期,对氮的吸收较多,至莲座期达到高峰。叶球形成对钾、钙、磷的吸收较多。甘蓝吸收钾、氮、钙较多,磷较少。因此,在增施氮肥的基础上,应配施钾、钙、磷肥,使其结球紧实,净菜率高。每生产 1 000 千克甘蓝需纯氮 2.0~4.52 千克,磷

(P_2O_5)0.72～1.09 千克，钾(K_2O)2.2～4.5 千克，其吸收比例为 1∶0.28∶1.03。在设施甘蓝栽培中，春甘蓝是由低温向高温季节过渡，幼苗期长，生长慢。早春移栽定植后温度升高快，结球速度快。秋延后栽培甘蓝，气温变化与春甘蓝正好相反。因此，在施肥上应有所差别。

167. 在甘蓝苗期怎样施肥？

甘蓝育苗在春、夏、秋、冬均能进行。各季节温度、光照等环境条件不同，日历苗龄差异很大，短者 35～40 天，长者达 120 天以上。时间越长，吸收的养分越多。一般幼苗期吸收养分为成株的 1/6～1/5。为提早收获，春甘蓝可在设施内育苗，以延长苗龄时间。床土的配制：有机堆肥 2/3，未种过十字花科蔬菜的肥沃菜田土 1/3；或者腐熟马粪 1/3，腐熟草炭 1/3，肥沃菜田土 1/3；夏甘蓝育苗床土的配制一般是：有机堆肥 30%～40%，肥沃菜田土 60%～70%。上述三种配法，每立方米床土各加硫酸铵 250 克，过磷酸钙 500 克，硫酸钾 250 克，混合均匀。

苗期缺肥，可进行叶面施肥，缺什么养分补什么养分。缺氮时，下部叶片变黄，叶色变浅；缺磷时，子叶变为暗绿色，叶片小，背面出现红紫色；缺钾时，叶缘处出现青铜色；缺钙时，生长点附近叶缘变为褐色或枯萎。

168. 在甘蓝定植前应怎样施基肥？

甘蓝根系浅，吸肥量大。要求土壤肥沃，应施足基肥。早熟品种生育期短，吸收养分的来源以基肥供应为主；生育期长的品种，除基肥外，还要增加追肥。在基肥使用上应和无机肥料混合后施用。根据菜田土壤肥力和肥料的质量，确定基肥的施入量。一般每 667 平方米施腐熟的有机厩肥或堆肥 4 000～5 000 千克，并将过磷酸钙 40～50 千克与之混合堆集，腐熟后施用。在做畦时撒施全肥量的60%，到定植幼苗时，再沟施或穴施其余40%的肥料量。或将基肥全部撒施，深翻20～25厘米。密闭大棚7～10天，进行高温消毒。在定植前3天，将大棚前后通风，按长6～7米、宽1.2～1.5米，南北向做畦。

169. 甘蓝定植后应怎样进行追肥？

设施春早熟栽培甘蓝，定植缓苗后追施少量氮肥，每667平方米追施尿素5千克。进入莲座期后进行第二次追肥，每667平方米追施尿素10～15千克，硫酸钾10～15千克。结球初期，进行第三次追肥，每667平方米追施尿素和硫酸钾各10～15千克。结球中期，进行第四次追肥，每667平方米追施尿素和硫酸钾各10千克。追施莲座肥后，棚室内温度较高，要防止氮肥过多，造成植株受害和氮素的损失。

设施秋延迟栽培甘蓝，追肥可分三次进行。第一次为缓苗肥，可在定植后7～10天进行，追肥量要少，以速效氮肥为主。每667平方米施硫酸铵20千克。第二次追肥为莲座肥，每667平方米追施硫酸铵30千克，硫酸钾20千克。第三次在结球中期追施，每667平方米追施硫酸铵25千克，硫酸钾20千克。

170. 施肥对甘蓝的品质有何影响？

施肥对甘蓝的品质有很大的影响，施氮钾肥时，植株体内糖含量提高；施氮磷钾肥时，植株体内蛋白质含量增加；施磷钾肥时，植株体内维生素C含量提高；氮磷钾肥齐全时，糖、蛋白质和维生素C含量较高，而且产量也较高。适当控制氮肥用量，增施有机肥和磷钾肥，有利于保持甘蓝的品质，延长贮藏期。

气候或土壤过于干旱，土壤中含盐量过大，水质不良，易造成甘蓝生长性缺钙，出现球叶干边，进而变黑腐烂，对结球的品质有不良影响。幼苗期缺硼时，会使叶片变细长并向内侧卷曲，造成结球叶顶部发育不良，使叶球产生空隙。因此，在甘蓝栽培中应重视追施钙肥和硼肥。

171. 怎样进行塑料小拱棚早春甘蓝的水肥管理？

(1)**定植前施基肥** 甘蓝喜土层深厚、肥沃、疏松的土壤。春早熟栽培最好利用冬闲地，冬前每667平方米施腐熟厩肥5 000千克，深耕；经冬季冻晒，熟化土壤。定植前再进行浅耕，耙平，做畦。

(2)**定植后的水肥管理** 在定植后15天左右，进行第一次追肥，每667平方米施尿素10～15千克，施肥后浇水。追肥后，可适当加大通风量。第一次追肥、浇水后，莲座叶开始旺盛生长，叶面积迅速扩大。这时可适当控制浇水，进行中耕，促使植株长得壮而不太旺。当莲座叶基本封垄，球叶开始抱合时，进行第二次追肥，促进叶球生长。一般每667平方米施尿素15千克，硫酸钾10千克或草木灰100千克，追肥后浇水。

172. 甘蓝氮素失调、缺磷、缺钾会出现哪些症状？

(1)**缺氮症状** 缺氮植株瘦小，整枝叶也淡绿，老叶不会变得很黄，而是呈淡黄绿色。

(2)**氮过剩症状** 当铵态氮过剩的时候，叶色浓绿，叶脉间出现凹凸现象，叶柄的内侧出现褐色斑点，叶尖卷曲。甘蓝反应不敏感。土壤中积累的氮素形态可影响甘蓝结球状况，在硝态氮过剩条件下生长的植株，易长出中肋平滑的扁平球。相反，在铵态氮积累的条件下，易长出中肋突出的球形叶球。

(3)**缺磷症状** 缺磷时植株生长发育受到阻碍，叶片小且呈开张状。下部叶片老化，叶片发黄。甘蓝在低温下外叶上形成花青素，使叶片易变成红褐色。这也是一种缺磷症状。土壤水分多时，这种症状尤其明显，这与低温使磷的吸收受阻有关系。

(4)**缺钾症状**　缺钾时叶缘黄化，黄化从叶尖部位发生，逐渐向内部叶脉间发展。

173. 甘蓝缺钙、缺镁会出现哪些症状?

(1)**缺钙症状**　钙是随着水分而被吸收的，向蒸发旺盛的那一部分分配。因此缺钙时首先是生长点部位出现黄化，或者叶缘出现干烧状。甘蓝的缺钙症状不明显，甘蓝在结球期如缺钙，新叶的叶缘开始变黄，同时叶尖向内卷，缺钙严重时叶片枯死。

(2)**缺镁症状**　缺镁典型的叶脉间失绿是比较少见的，大部分是产生黄色斑点和出现黄色部分。一般在外叶的叶脉间出现淡绿色或黄色。

174. 甘蓝缺硼、缺铁、缺锰会出现哪些症状?

(1)**缺硼症状**　硼和钙以相同的方式被吸收运转。缺硼时生长点黄化，叶片僵硬，特别严重时生长点枯死，在嫩叶的叶柄上产生龟裂，裂口大的愈伤组织开裂成茶褐色裂口，在茎上也会产生裂。

硼在酸性土壤中呈可溶性状态，易被吸收。在碱性土壤中呈不可溶状态，很难被吸收，因此在碱性土壤上易发生缺硼症状。另外，在铵态氮和钾素施用过多，以及土壤缺水干旱情况下，影响根系对硼的吸收。低温、多湿、根系发育不良，吸收也会受到阻碍。结球蔬菜对钙和硼的需求量大，应增施有机肥和微量元素。

(2)**缺铁症状**　甘蓝缺铁，叶绿素形成受阻，叶片黄化，生长点上长出黄化叶。

(3)**缺锰症状**　甘蓝缺锰的症状出现在生长点部位，可看到嫩叶黄化、叶形异常等症状。

175. 芹菜的生长发育有何特点?

芹菜的根为浅根系。直播的芹菜主根较发达,移栽的芹菜主根被切断,可生出许多发达的侧根。根系一般分布在7～36厘米的土层内,但多数根群密集在7～10厘米的表土层内,在这个范围内横向生长,其横向生长可达25～45厘米。由于入土较浅,其抗旱能力较弱,喜欢充足的水分、养分条件,而且对土壤酸碱度适应能力较强。根系吸肥能力较弱,要求土壤有机质含量高,无机营养丰富,以壤土和黏壤土较适宜。芹菜根内有大量的输导组织,可将地上部的氧气输送到根中,以保证根系在多水的环境下正常生长。土壤水分充足时,芹菜品质好,产量高。

从种子萌动到子叶展开为发芽期,需要10～15天。种子发芽的最适温度为15℃～20℃。从子叶展开到生有4～5片真叶为幼苗期,在20℃条件下,需45～60天。幼苗生长较缓慢,但适应性却较强,可忍耐30℃左右的高温和－4℃～－5℃的低温。从定植到8～9片真叶为叶丛生长初期,株高30～40厘米,在18℃～24℃条件下需30～40天,如果遇5℃～10℃低温,持续10天以上,以后再遇长日照条件,易未熟抽薹。从8～9片真叶到11～12片真叶为叶丛生长盛期,需30～60天。此时叶柄迅速肥大,生长速度快,生长量约占植株总量的70%～80%。

176. 芹菜的需肥有何特点?

芹菜在整个生育期中,对养分的吸收量与生长量的增加是一致的。秋播芹菜需肥量的高峰是其营养生长的第68～100天。在这个时期,芹菜对氮、磷、钾、钙、镁的吸收量占总吸收量的84%以上,其中钙和钾高达98.1%和90.7%。芹菜是蔬菜作物中要求土壤肥力较高的种类之一。虽然芹菜的吸肥量并不高,每生产1 000千克芹菜,需纯氮1.83～3.56千克,磷0.68～1.65千克,钾

3.88～5.87 千克，钙 1.5 千克，镁 0.8 千克。其吸收比例为 1：0.43：1.80：0.56：0.30。但实际的施肥量，特别是氮和磷的施用量，要比实际吸肥量高出 2～3 倍。因为芹菜吸肥能力差，要在较高的土壤浓度条件下，才能大量吸收养分。施肥量过少，芹菜不仅不能正常生长，而且品质也差。

不同的养分对芹菜生育的影响不同。氮，主要是影响地上部的发育，即叶柄的长度和叶数的多少。磷主要影响品质，磷肥过多时，叶柄细而长，纤维素多。充足的钾有利于叶柄的膨大，对提高产量和品质有利。

177. 怎样给芹菜施苗肥和基肥？

(1)施苗肥　栽培芹菜一般都是先育苗，然后定植。给育苗畦施肥时，可先起出畦面表土，再施入苗肥，每个苗畦(13.5 平方米)施入鸡粪 2.5 千克，掩埋 12～15 厘米深，整平后浇水，水渗下后播种。也可采用配制营养土的方法，选择肥沃细碎菜田土 6 份，配入充分腐熟的马粪 3 份，厩粪和大粪干 1 份。将其充分混匀，并按每平方米苗床加入 0.5 千克的标准加入过磷酸钙。用细网筛子将石块等杂物筛除后，将营养土铺在苗床上，厚度为 12 厘米左右。出苗后 30 天左右，追施一次速效氮肥，用肥为硝酸铵 125 克。

(2)施基肥　棚室栽培，在定植前一个月要进行高温消毒或用其他杀菌杀虫剂进行消毒处理，防治线虫。可根据菜田土壤肥力和芹菜产量确定基肥用量。若 667 平方米产量为 4 000～8 000 千克，则需施充分腐熟的优质有机肥 4 000～8 000 千克，过磷酸钙 30～50 千克，硼肥 1～2 千克，与有机肥混匀后撒施，然后耕地耙平做畦。

178. 芹菜定植后应怎样进行追肥？

由于芹菜根系浅，而且栽培密度大，除在定植前施足基肥外，追肥应勤施少施。一般缓苗期间不追肥，缓苗后植株生长缓慢，为了促进新根和叶片的生长，可追施一次提苗肥，每667平方米可追施尿素5～7.5千克，或硫酸铵10～15千克。追肥也可根据菜田土壤肥力和产量确定。

(1)在高肥力菜田上的追肥量 若667平方米产量为7000～8000千克，则其总追肥量为：尿素60～70千克，氯化钾30千克。当芹菜进入叶丛生长初期，进行第二次追肥，每667平方米追施尿素15～20千克，氯化钾6～8千克，结合浇水，以水冲施。以后每隔20天左右追一次肥，每次每667平方米追施尿素15～20千克，氯化钾6～8千克。

(2)在中肥力菜田上的追肥量 若667平方米产量为5500～6500千克，则其总追肥量为：尿素50～55千克，氯化钾25千克。追肥时期、追肥间隔时间同上。每次每667平方米追施尿素10～15千克，氯化钾4～6千克，随水冲施。

(3)在低肥力菜田上的追肥量 若667平方米产量为4000～5000千克，则其总追肥量为：尿素45～50千克，氯化钾20千克。追肥时期、追肥方法、追肥间隔时间也与上一样。每次每667平方米追施尿素8～12千克，氯化钾3～5千克。

芹菜定植后的30～60天，是产品器官形成期，也是养分吸收高峰期。在土壤追肥的基础上，配合叶面追肥2～3次。每次可喷0.5%的尿素、磷酸二铵或磷酸二氢钾，或氮磷钾三元复合肥。若芹菜缺钙、硼，还应及时喷施0.3%的氯化钙和0.1%的硼砂溶液。

179. 不合理施肥对芹菜会造成什么危害？如何进行预防？

(1)烧　心 芹菜烧心的症状是开始心叶叶脉间变褐，叶缘细胞逐渐坏死，呈褐色。多在11～12片真叶时开始发生。芹菜发生烧心是缺钙而导致的生理性病害。缺钙后，心叶坏死，造成烧心。

芹菜喜冷凉湿润的环境条件，在高温、干旱、施肥过多的情况下容易发生烧心。高温促进芹菜生长发育，加速植株对氮、钾、镁等元素的吸收，当过量吸收氮、钾、镁元素时，就会减少钙的吸收量，造成缺钙。

预防烧心的方法是：

①避免高温干旱 在芹菜长到10片真叶时，要注意控制适宜的温度，栽培设施的温度超过20℃时，要尽快放风降温。土壤应保持湿润状态，发干要及时浇水。

②追施化肥要适量 要根据菜田土壤肥力和芹菜的产量，确定追肥的用量。

③进行叶面施肥 发生烧心症状后，可进行叶面施肥，用0.3%～0.5%的氯化钙溶液喷施叶片，每隔7天喷一次，连喷2～3次。

(2)茎 裂 缺硼时，芹菜叶柄异常肥大、短缩，并向内侧弯曲。弯曲部分内侧组织变为褐色，逐渐龟裂，叶柄扭曲以致劈裂开，先由幼叶边缘向内逐渐变褐，最后心叶坏死。严重影响产量和品质。

发生缺硼症状的原因，一是由于土壤中缺硼所致；二是土壤中其他营养元素含量过高，影响了芹菜对硼的正常吸收。另外，在高温干旱的情况下也容易发生缺硼。

防止芹菜缺硼的措施，一是增施有机肥，提高土壤供硼能力。二是施用硼肥。如果土壤缺硼，每667平方米施硼砂1千克左右。当已发现缺硼症状时，可用0.1%～0.3%的硼砂溶液，对芹菜植株进行喷施。

180. 怎样进行塑料小拱棚秋冬茬芹菜的水肥管理？

(1)定植前施基肥 每667平方米施腐熟的厩肥5 000千克

和三元复合肥 25 千克做基肥，深翻后耙平畦面。

(2)定植后的水肥管理 芹菜定植 4～5 天后浇缓苗水，地表干后进行中耕松土。缓苗后进行 7～10 天的蹲苗，停止浇水，中耕除草。在芹菜植株粗壮，叶片浓绿，产生大量新根后再浇水，每 7 天左右浇一次水，保持地表见干见湿。

结合浇水，适当追肥。蹲苗结束后，追 1～2 次化肥或稀粪作提苗肥，每 667 平方米施硫酸铵 15 千克。植株 30 厘米高时，水肥齐攻，每隔 4～5 天浇一次水。重施肥 2 次，每 667 平方米施硫酸铵 20～25 千克，隔 10 天后，再以同样量追一次肥。扣膜前要浇一次大水，再追一次肥，每 667 平方米施硫酸铵 25～30 千克。扣膜后一般不浇水，如干旱可在中午前后浇水。后期叶片黄化转淡时，可用 0.1%尿素喷施。在收获前 7～8 天浇最后一次水。

181. 怎样进行塑料小拱棚春茬芹菜的水肥管理？

(1)定植前施基肥 因春早熟芹菜定植较早，所以要早施基肥，最好在冬前每 667 平方米施腐熟厩肥 5 000 千克，施后深耕，耙细，做畦。

(2)定植后的水肥管理 小拱棚春茬芹菜定植时要浇透水，定植后浇一次缓苗水，促进缓苗。当芹菜植株高达 30～35 厘米时，要水肥齐攻，每 667 平方米施硫酸铵 30～40 千克，或尿素 15～20 千克，施肥后浇水。以后每隔 3～4 天浇一次水，保持畦面湿润，直到收获。

182. 怎样进行塑料大棚春茬芹菜的水肥管理？

(1)定植前施基肥 在定植前 10～20 天扣棚，烤地增温。然后深翻土地，并结合翻地每 667 平方米施腐熟厩肥 5 000 千克，可再撒施尿素 30 千克。将肥土混匀，整平耙细，做畦备用。

(2)定植后的水肥管理　定植后浇 1～2 次水，每次要少浇，浇后松土，促进生根缓苗。心叶开始生长后，植株大量吸收水肥，要加大水肥供应，一攻到底。每 5～7 天浇一水，隔一水追一次肥。每 667 平方米每次施硫酸铵 15～20 千克，也可将化肥和人粪尿交替施用。采收前不再追施速效氮肥。

183. 怎样进行塑料大棚秋茬芹菜的水肥管理？

(1)定植前施基肥　结合翻地，每 667 平方米施优质腐熟厩肥 5 000 千克，耙平搂细，做畦备用。

(2)定植后的水肥管理　定植时浇足水。2～3 天后再浇 1 次缓苗水。蹲苗结束后，水肥齐攻，结合浇水，交替追施速效氮肥和腐熟人粪尿。当株高达到 30 厘米时，每 667 平方米随水冲施硫酸铵 15～25 千克或人粪尿 1 500 千克。可随浇冻水时再追一次速效氮肥。

184. 怎样进行日光温室秋冬茬芹菜的水肥管理？

(1)定植前施基肥　每 667 平方米施腐熟有机肥 5 000 千克，过磷酸钙 50 千克或磷酸二铵 5 千克，碳酸氢铵 15～20 千克。耕翻 30～40 厘米深，使土肥充分混匀，耙细整平，做平畦。

(2)定植后的水肥管理　在幼苗缓苗后，除浇水外，还要随水施氮钾肥，每 667 平方米施硫酸铵 15 千克。当植株长到 30 厘米高时，随水施硫酸铵 30 千克，硫酸钾 15 千克。在芹菜生长期间，可进行叶面追肥，喷施赤霉素和尿素的混合液，赤霉素的浓度为 30～50 毫克/升，尿素的浓度为 300～500 毫克/升，在苗高 15～20 厘米时喷施一次，10～15 天以后，再喷施一次。

185. 怎样进行日光温室春茬芹菜的水肥管理？

(1)定植前施基肥 一般每667平方米施腐熟优质有机肥5 000千克，磷酸二铵30千克，硫酸钾25千克做基肥。做平畦，平畦后撒施磷、钾等化肥，翻耙一通，使土肥混合均匀。

(2)定植后的水肥管理 除定植时浇一次水外，一般不浇缓苗水。缓苗后，心叶开始生长时，进行中耕松土。畦面不平不浇水，保持畦面见干见湿。当芹菜进入旺盛生长期，植株长有5～6片叶时，要加强水肥管理。在浇水的同时，可每667平方米施硫酸铵30千克，硫酸钾15千克。10～15天后再追一次肥，施肥量和前一次相同，或每667平方米随水浇人粪尿1 500千克左右。

186. 芹菜缺钾、缺钙、缺镁后会出现哪些症状？

(1)缺钾症状 芹菜缺钾时，下部叶片黄化，叶脉间出现褐色小斑点。缺钾严重时，症状向上发展。芹菜出现细长的叶柄，并且有筋粗，这也是缺钾症状的表现。

(2)缺钙症状 芹菜缺钙表现为生长点发育受阻，幼嫩组织变黑(心腐病)，中心幼叶枯死，同时附近新叶的顶部叶脉间出现白色和褐色斑点，斑点扩大以后叶缘出现枯死状。芹菜缺钙是由于土壤酸化等因素引起的，在设施内常发生缺钙症状。

(3)缺镁症状 芹菜缺镁症状表现为沿着叶脉两侧出现黄化，并从下部叶片开始逐渐向上部叶片发展。设施菜田土壤出现铵态氮积累时，造成对镁的吸收障碍，出现缺镁症状。在施用钾肥太多时也会造成缺镁

187. 芹菜缺硼、缺铁后会出现哪些症状?

(1)缺硼症状 植株对硼的吸收受到阻碍时,易产生茎裂。茎裂大部分发生在外叶上,主要是叶内侧的一部分表皮开裂。另外,心叶发育时如缺硼,其内侧组织变成褐色,并发生龟裂。

(2)缺铁症状 芹菜缺铁表现在幼叶上,先是叶脉间黄化,严重时叶色变白。无土栽培的芹菜易发生缺铁症状。而在以土壤为基质的设施栽培条件下,缺铁症状比较少见,有时因土壤中锰过剩而引起缺铁症状的出现。

188. 油菜的生长发育有何特点?

油菜是浅根系作物,须根发达,分布在耕作层,再生能力强,适于育苗移栽。油菜营养生长期分为发芽、幼苗和莲座三个时期。在各个生长期,生育特点和对外界环境要求不同。

油菜播种后2～4天出苗,出苗后15天左右,叶原基分化的叶数逐渐增加,根群也在不断增多,叶面积较小,对温度要求比较低,特别是出苗时温度宜控制在15℃～17℃,防止高温徒长。需水肥量比较少,但要保持一定的土壤湿度。一般不追肥。光照要求比较强,促进光合作用,增加营养物质积累。15～30天时,叶数迅速增加,根量也明显增加。温度要求在15℃～20℃,需要的肥量比较大,要适时适量进行追肥浇水。

油菜生长30天左右,长出12～13片叶时,是根系吸收水分和养分的旺盛时期,分化后的新叶迅速生长,叶重增加快,光合作用积累的物质多,而叶展开的角度逐渐由大变小。要增加水肥供应,保证油菜旺盛生长的需要。要保持土壤湿度,但浇水量不宜过大,以免造成油菜腐烂。

油菜生长到55天左右,地上部和地下部处于平衡生长状态,内叶充实,叶柄肥厚,生长处在旺盛时期。此时应加强通风透光,特别是设施栽培要避免湿度过大，光照弱或植株间相互遮光，导致叶色变黄、叶片干物质含量积累少等不良现象。一旦出现这些现象，即要抓紧收获，或隔行收获。

189. 油菜的需肥有何特点?

油菜对土壤的适应性比较强，但喜欢疏松肥沃、有机质含量高、保水保肥性强的土壤。油菜对氮、磷、钾的吸收量，氮大于钾，钾大于磷。每生产1 000千克油菜，需吸收纯氮2.76千克，磷(P_2O_5)0.33千克，钾(K_2O)2.06千克。微量元素硼的不足，会引起缺硼症。植株个体吸收养分较少，但每667平方米株数达到数万株，数量不小，因此，单位面积群体植株吸收养分较多。油菜对养分的需求量与植株的生长量是同步进行的。生长初期，植株生长量小，对养分的吸收量也少；植株进入旺盛生长期，对养分的吸收量也增大。此时期的营养吸收特别是氮素的吸收，关系到油菜的产量和品质。如果氮素不足，就会使叶片变小、发黄，食用率低。因此，在设施栽培中，要增施基肥，改良土壤环境条件，以利于根系吸收。要及时追施氮、钾肥。移植缓苗后，要追施少量氮肥；进入旺盛生长期后，速效氮、钾肥追施量要较多。磷肥用于基肥。

190. 怎样给油菜施苗肥、基肥和追肥?

(1)**施苗肥**　设施育苗床，选用肥沃菜田土与腐熟好的(每667平方米用量为4 000～5 000千克)有机肥混匀后过筛作床土，浇足水后及时播种。

(2)**施基肥**　设施栽培一般每667平方米施腐熟有机肥3 000～4 000千克，过磷酸钙20～30千克作基肥。基肥不可施得过深。有机肥和磷肥在耕翻地时施入，然后耙平做畦。

(3)**追　肥**　油菜生长期较短，它的一生中追肥1～2次即可。定植后7～10天，追施缓苗肥，每667平方米追施尿素5～10千克，或硫酸铵 10～20 千克。进入油菜旺盛生长期，进行第二次追肥，每 667 平方米追施尿素 10～15 千克，或硫酸铵 20～30 千克，氯化钾 10 千克。若土壤缺硼，则应及时喷施 0.2%～0.3%的硼砂溶液，防止油菜发生缺硼症状。

191. 怎样进行塑料拱棚秋茬油菜的水肥管理？

(1)定植前施基肥 整地前清除前茬残株和杂草，每 667 平方米撒施腐熟有机肥 3 000～4 000 千克。耕深 15 厘米左右，使土肥混合均匀，然后耙平做平畦。

(2)定植后的水肥管理 定植后外界温度还比较高，秋天土壤水分蒸发快，要连续浇水 2～3 次，浇水后中耕松土，促发新根。生长中后期在覆膜的情况下，土壤水分蒸发慢，根据土壤墒情和植株长势情况，一般每隔 10 天左右浇一次水。

缓苗以后，植株进入生长旺盛时期，结合浇水追施 1～2 次肥。第一次每 667 平方米追施硫酸铵 15～25 千克，第二次追肥在收获前 15～20 天，随水追施一次腐熟的人粪尿，每 667 平方米用量为 500～1 000 千克。追肥后要放风，防止肥害。

192. 怎样进行日光温室冬春茬油菜的水肥管理？

(1)苗床施肥 选择土壤有机质含量高的壤土或砂壤土育苗，每 10 平方米苗床普施腐熟过筛的优质有机肥 25～30 千克，磷酸二氢钾 0.5 千克，耕翻 20 厘米左右，整平，使土肥混匀。

(2)定植前施基肥 每 667 平方米施腐熟有机肥 3 000～4 000 千克。如不揭膜直接栽苗，前茬就应多施有机肥，多做平畦。

(3)定植后的水肥管理 定植后 10～15 天浇缓苗水。缓苗后，在植株进入生长中期时浇一次水，收获前 7 天左右再浇一次水，要求保持土壤见干见湿。空气相对湿度为60%～80%。如基肥充足，只要在生长中期每667平方米施硫酸铵10～25千克或尿素5～10千克即可。

193. 菠菜的生长发育有何特点？

（1）发芽期　菠菜发芽缓慢，发芽和出土的适宜温度为15℃～20℃，土壤湿度为90%～95%，播种后4～5天出土。种子萌发和初生根形成，到子叶出土，靠吸收种子内贮藏的养分生长。从种子萌发到两片真叶展开为发芽期，这一阶段菠菜生长缓慢。

（2）幼苗期　两片真叶展开后，进入幼苗期。植株生长点不断分化叶原基，叶数、叶面积逐渐增加，通过光合作用制造光合产物。由于叶面积较小，光合产物数量少，全部用于根、茎、叶，因此生长比较缓慢。幼苗期对温度的适应性较强。

（3）单株产量形成期　这个时期是形成产量的重要阶段。出苗后10～15天，植株形成比较发达的根系。适宜的温度为20℃～25℃，空气湿度为80%～90%，土壤湿度为70%～80%，叶片迅速生长。

194. 菠菜的需肥特点有哪些？

菠菜为绿叶菜类蔬菜，其鲜嫩的绿叶、叶柄、嫩茎可供人们食用。菠菜作为产品上市时正处于营养生长阶段，栽培上采取促进同化器官的叶片充分发育，就可获得较高的产量。菠菜生长期较短，基肥和追肥均要求施用速效肥性料，特别是氮肥要充分供应。缺氮会抑制叶的分化，减少叶数，叶色发黄，降低叶的光合能力，使其生长缓慢，植株矮小。一般每生产1 000千克菠菜需吸收纯氮2.48～5.63千克，磷（P_2O_5）0.86～2.3千克，钾（K_2O）4.54～5.29千克。其吸收比例为1∶0.4∶1.22。设施菠菜生产上以越冬菠菜栽培面积较大，这是解决早春淡季缺菜的主要蔬菜品种。

每生产 1 000 千克菠菜，需要吸收氮 4 千克，磷 1.6 千克，钾 4.9 千克。以每 667 平方米产 2 500～3 000 千克菠菜计算，则需氮 10～12 千克，磷 4～4.8 千克，钾 12.25～14.7 千克。

195. 怎样给菠菜施基肥和追肥？

(1)施基肥 越冬菠菜整地要细，施肥量要多。如果整地不细，施肥量小，则幼苗生长细弱，耐寒力低，越冬死苗率高，返青后营养生长缓慢，易抽薹开花。前茬收获后，撒施腐熟好的有机肥 5 000 千克，过磷酸钙 25～30 千克，深翻 20～25 厘米，再刨一遍，使土肥混合均匀，土壤疏松，有利于幼苗出土和根系活动。

(2)追　肥 菠菜冬前生长期为 50～60 天，以培育壮苗为中心，增强抗寒力，使其安全越冬。出苗后，加强管理，长出 2～3 片真叶时，对于密度过大的幼苗，进行一次疏苗，苗距保持为 3～4 厘米。保持一定的营养面积，有利于幼苗生长。疏苗以后，结合浇水，追施一次肥料，每 667 平方米追施硫酸铵 10～15 千克，或尿素 5～7 千克。

早春生长期为 30～40 天，第二年春天返青，在返青前消除田间枯叶和杂物等，有利于提高地温，促进早返青。越冬返青后，土壤解冻，地温回升，菠菜心叶开始生长。随着气温逐渐升高，叶片生长加快，这是追肥的关键时期。应在 3 月中下旬及 4 月上旬分两次进行追肥，每次每 667 平方米追施硫酸铵 25～30 千克，或尿素 10～15 千克。春菠菜或秋菠菜生长期仅有 60 天左右，基肥基本同越冬菠菜，追肥在菠菜旺盛生长期进行，结合浇水，每 667 平方米追施硫酸铵 20 千克左右，或尿素 10 千克。

所有的绿叶菜类蔬菜，均有适应性强，生长期短，可短期间套种，采收灵活的特点。如在中等肥力菜田上种植，多数以原土壤肥力及利用上茬所施肥料残效为供肥基础，本茬仅追 1～2 次速效氮肥即可，每次每 667 平方米追施硫酸铵 25～30 千克，或尿素 10～

15千克。

196. 韭菜的生长发育特点有哪些？

韭菜是多年生宿根作物，弦状须根，分布在浅土层，着生于葫芦状基盘上。其根系除具有吸收功能外，还有贮藏养分的功能。在生育期间进行新老根系的交替，并表现新根逐年上移的特点（叫"跳根"）。韭菜的茎分为营养茎和花茎。短缩的营养茎为盘状，周围长着弦状须根，寿命为2年。因此，每年必须促进新根的继续增生，才能保证植株的旺盛生长。韭菜根分布在土壤耕层20～30厘米的范围内，且吸收能力强，属喜肥蔬菜。生产上常采用增施有机肥和客土等方法，满足其根系上移（跳根）的需要。能够发生新根的茎盘，保持在地表以下4～5厘米的深度。

韭菜耐寒，叶部生长适温为12℃～24℃，能够忍耐－4℃～－5℃的低温，当气温降到－30℃以下时，地下茎仍不致被冻死。光照强度以中等为宜，光照弱时，韭菜纤维少，品质好。对土壤的适应性较强，砂土、壤土和黏土均可栽培。土壤肥沃，有机质含量高时，易获得高产。土壤酸碱度以pH值6～7为宜。对盐碱的忍耐性比其他蔬菜强，但土壤含盐量也不宜超过0.2%。

197. 韭菜的需肥特点有哪些？

韭菜可一年种植多年收获。它对养分的需求，不但要有利于当年叶片的生长和分蘖，增加当年的产量，而且还要增加下一年的产量，延迟衰老。幼苗期生长量小，根系吸收能力弱，因此吸肥量也少。但是，要施足基肥，为根系发育和地上部生长创造良好的环境。进入营养生长盛期后，叶片迅速生长，同时不断长出新根，此时需肥量迅速增加，应加强肥水管理。

株龄不同，需肥量有一定的差别。1年生韭菜，植株尚未充分发育，需肥量较少。2年以上的韭菜，每年在花薹抽生以前为主要收获季节，每经过一段时期的生长，就要收割一茬韭菜。这样，韭菜的生长量和需肥量便呈现波浪式增加。2～4 年生韭菜，分蘖力强，产量也高，需肥量相应增加。5 年生以上的韭菜，由于多年多次收获，土壤肥力和植株长势都已下降，需增施有机肥，提高地力，防止早衰。

每生产 1 000 千克韭菜，需吸收氮 2.8～5.5 千克，磷 0.85～2.1 千克，钾 3.13～7 千克。吸收比例为 1∶0.36∶1.22。氮对韭菜的生长影响最大，氮肥充足，叶厚鲜嫩；但单施大量氮肥时，植株柔嫩，易倒伏。与磷、钾肥配合施用，可以提高植株的抗倒伏性，促进糖分合成与运输，增加产量，提高品质。

韭菜耐肥力较强，施肥对产量影响显著。由于韭菜是多次收获的作物，每次收割之后，新芽生长需吸收大量的无机养分。在养根期间，为了促进地下部养分的积累，为来年丰产打好基础，必须进行追肥。

198. 韭菜直播时应怎样施基肥和苗肥？

(1) **施基肥**　韭菜直播宜选择排水良好，土壤肥沃，质地疏松，pH 值在 5.5～6.5 的菜田，避免与葱蒜类蔬菜连作。在上冻前或来年春天化冻达 20 厘米深时整地。每 667 平方米施腐熟优质有机肥 5 000～7 000 千克，过磷酸钙 50 千克，深耕细耙，使土肥混匀，起垄或做畦，播种并覆盖地膜。

(2) **苗期施肥**　苗高 10～15 厘米时，结合浇水，追施一次促苗肥，每 667 平方米追施硫酸铵 15 千克，或尿素 5 千克。以后控水中耕除草，蹲苗壮根，以防止倒伏烂苗。

199. 怎样在韭菜叶片旺盛生长期追肥？

立秋后，天气逐渐凉爽，是韭菜生长的适宜季节。为促进叶片旺盛生长，给鳞茎膨大和根系生长奠定物质基础，需加强肥水管理。结合浇水，每 667 平方米追施硫酸铵 25 千克，或尿素 10 千克，硫酸钾 10 千克。20 天后，可再追施一次肥，用量同第一次。

夏秋之际，韭菜生长过分旺盛时，容易倒伏，引起病害。这时，可在叶鞘上 8～10 厘米进行高割，结合松土培垄，控制浇水。地表即将封冻时要浇冻水，并结合浇水，每 667 平方米追施硫酸铵 15 千克，硫酸钾 6 千克。

200. 韭菜移栽育苗时应怎样施苗肥和基肥？

为使韭菜植株生长整齐一致，提高产量和质量，有条件的地方最好进行育苗移栽。可当年播种移栽养根或二年生移栽养根。可春播也可秋播。

（1）施苗肥 韭菜育苗地宜选用肥沃、疏松，未种植过葱蒜类蔬菜的菜田。每 667 平方米温室均需 333 平方米的育苗田。春天地表化冻 20 厘米深时，做 1 米宽、6～10 米长的育苗畦，每畦施腐熟农家肥 50～70 千克，深翻耙细，开 4～5 条浅沟播种，播后踏实耙平，覆膜保墒增温，促进早出苗。韭菜种子发芽出苗后撤下地膜。苗高 10～15 厘米时，结合浇水，每 667 平方米施三元复合肥 10～15 千克。

（2）施基肥 日光温室的前茬作物收获后，整地施肥，每 667 平方米施腐熟有机肥 5 000～8 000 千克，深翻耙细，按 40 厘米行距做垄，将育好的壮苗定植于浅沟中，并浇足缓苗水。当新叶长出变绿，结束缓苗时，应浇水、追肥，促发新根和长叶，随水每 667 平方米追施硫酸铵 20～25 千克，或尿素 10 千克，及时中耕培土，地面见干见湿即可。以后其他管理同直播养根。

201. 韭菜扣膜后怎样进行追肥？

韭菜生长前期气温低，温室密闭，蒸发量少。一般浇足封冻水和追过肥的温室，在第一刀收割前不追肥浇水。从第一刀收割后开始，每次收割后马上松土。待长出新叶后开始浇水，每667平方米随水追施硫酸铵20～25千克，或尿素10千克。追肥和浇水应结合中耕培土进行。一般株高10厘米以上时进行第一次培垄。株高20厘米左右时进行第二次培垄，把化肥撒在垄沟中，培完土顺沟浇水。在收割前1～2天再浇一次水。

单一生产韭菜的温室，第三刀和第四刀韭菜生长期间需要放风，并延长放风时间。在韭菜15厘米左右追肥、浇水。每次每667平方米追施硫酸铵20～25千克，或尿素10千克。第五刀韭菜与露地韭菜同时生长。为了防止高温危害出现黄化、干尖和根腐等病害，应浇水放风，控制温度。

由于设施韭菜栽培生长期长，收割次数多，因而施肥养根特别重要。设施栽培韭菜的施肥量一般比露地增加10％～20％，尤其秋末春初，应增施有机肥，如马粪和草木灰等，以提高地温，提早收获上市。

202. 不合理施肥对韭菜会造成什么危害？

在设施韭菜生产过程中，常出现干尖、根腐、枯叶和死株等病状。相同的症状可能是不同的原因引起的，正确地诊断原因，是防治病害的先决条件。

(1)酸　害　韭菜生长的适宜酸碱度接近中性。在酸性土壤上种植韭菜易出现酸害，这种情况在地膜覆盖时比较突出。酸害的症状是，扣膜后第一刀韭菜生长发育正常，但下一刀韭菜生长发育不良，叶片生长缓慢而细弱，外部叶枯黄。由于长期大量施入酸性或生理酸性肥料，使土壤酸化，从而引起该症状发生。防止酸害的方法是施石灰和草木灰，同时大量施有机肥，并尽量把石灰与土壤拌匀。地膜覆盖后施石灰困难，可在追肥时用硝酸钙作为液体肥料灌根。

(2)气　害　氨气毒害的症状，是引起叶尖枯萎，逐渐变为褐色。亚硝酸气体危害后叶尖变白枯死。这是由于棚室内施入大量碳酸氢铵等易挥发性肥料或施入尿素、硫酸铵、未腐熟的有机肥料而引起氨和亚硝酸的积累。防止的方法是不在棚室内施用易挥发的氮肥，施肥量要适当，要结合浇水进行追肥。

(3)**营养元素缺乏及过剩的危害** 缺乏养分时，体势弱，生长缓慢，分蘖少，叶色淡，叶片瘦小，叶面积小，干物质积累少，产量明显降低。缺钙时中心叶黄化，部分叶尖枯死。缺镁时，外叶黄化枯死。缺硼时中心叶黄化，产生生理障碍。硼过量时，叶尖开始枯死。锰过量时，嫩叶轻微发黄，外部叶片黄化枯死。大量施入未腐熟的畜禽粪和有机肥时，因腐烂、高温、缺氧或发生病虫害等，引起烂根死株。

203. 怎样进行塑料中、小棚韭菜的水肥管理?

(1)**培养根株前施基肥** 塑料中、小棚韭菜，每667平方米施腐熟有机肥4000～5000千克，过磷酸钙20～25千克，施后耕翻细耙，整平做畦。

(2)**覆盖膜后的水肥管理**

①施肥松土 土壤解冻后，在畦内施入腐熟打碎的厩肥，用铁耙轻刨，使畦土和粪肥混匀，土壤疏松，以利吸收光照，提高地温，促进韭菜出土。

②浇水追肥 扣膜前浇灌过冻水，扣膜后一般暂不浇水。头刀韭菜收割前3～5天宜轻浇一水。韭菜株高6～8厘米时，可浇水、追肥一次，每667平方米追施硫酸铵15～25千克，及时中耕保墒。以后每刀韭菜都按上述要求进行管理。

204. 怎样进行塑料大棚韭菜的水肥管理?

(1)**施肥垫土** 棚内土壤解冻后，清除枯叶干草，每667平方米施腐熟厩肥1000～1500千克，过磷酸钙20～30千克，混合均匀后撒入畦内，铺垫厚 1 厘米左右的细土，用铁耙反复耙搂，使粪土混匀，土壤疏松。

(2)**水肥管理** 韭菜长到 7～10 厘米时，可浇水追肥一次，每 667 平方米随水施硫酸铵 15～25 千克，适时中耕松土。收割前 3～5 天可轻浇一水，及时通风换气。收割韭菜后，要趁土墒情好，用铁耙轻刨或来回耙畦面，使畦土疏松，保墒增温，促使韭菜苗早出土。以后每刀韭菜都按上述方法管理。

在最后一刀韭菜收割后，下茬韭菜株高 8～10 厘米时，结合浇水追施腐熟的人粪尿，每 667 平方米施量为 1 000～1 500 千克。进入雨季，保持土壤见干见湿即可。

205. 结球莴苣的生长发育有何特点?

莴苣属浅根性直根系蔬菜，根系浅而密集，须根发达，主要根系分布在 20～30 厘米的土层中。由于莴苣的根系浅，因此生产上表现为不耐旱，栽培过程中要加强水分管理。莴苣喜欢冷凉。发芽的适宜温度为 15℃～20℃，需 3～4 天发芽。生长的适温白天为 15℃～20℃，夜间为 12℃～15℃。但不同生育期对温度要求不一样，幼苗期需 16℃～20℃；莲座期 12℃～22℃；幼苗可忍受短时期的－5℃的低温。

莴苣喜潮湿忌干燥。由于叶片多，叶片大，蒸腾作用旺盛，消耗水多，需要补充较多水分。莴苣在不同的时期对水分有不同的要求，幼苗期宜见干见湿，以免苗子老化或徒长；在发棵期，为使莲座叶发育充实，要适当控制水分；对于结球莴苣，在结球期必须大量浇水；结球后期水分不可过多，以免发生裂球，导致软腐病和菌核病的发生。

莴苣根系吸收能力弱，需要氧气量高，在黏重和瘠薄的土壤上根部发育不良，要求在有机质丰富，保水保肥力强的黏质壤土或壤土上栽培，这样根系生长速度快，有利于养分、水分的吸收。莴苣喜欢微酸性土壤，适宜的土壤pH值为6.0左右，pH值在5以下或7以上时生长不良。

206. 结球莴苣有何需肥特点？

为促进叶球生长，以氮肥的供应最为重要。结球期应充分供应钾肥。莴苣在生长初期，生长量和需肥量均较少。随着生长量的增加，对氮、磷、钾的需求量也逐渐增大，尤其是结球期需肥量迅速增加。莴苣在整个生育期对钾需求量最高，氮次之，磷最少。每生产1 000千克莴苣需吸收纯氮2.5千克，磷(P_2O_5)1.2千克，钾(K_2O)4.5千克，其吸收比例为1∶0.48∶1.8。氮是影响莴苣生长发育最大的养分，在任何时期缺氮都会抑制叶片的分化，使叶片数减少。特别是莲座期和结球期，缺氮对其产量影响最大。结球一个月内，吸收的氮占全生育期总吸收氮量的84%。幼苗期缺磷不但叶片数少，而且植株矮小，产量降低。任何时期缺钾对叶片的分化影响不大，但对叶重的影响较大。尤其是结球莴苣在结球期如缺钾，会使叶球显著减产。

207. 应怎样进行结球莴苣的施肥？

(1) **施苗肥**　莴苣宜选择有机质丰富、保肥保水性好的黏壤土或砂壤土作育苗畦，每667平方米施腐熟好的优质有机肥3 000～4 000千克，过磷酸钙25～30千克，耕翻耙平整细后，做畦育苗。播前用清水浇湿苗床，播后用细土覆盖（细土可拌多菌灵和其他杀菌剂消毒）。苗期不要用人粪尿浇灌。

(2) **施基肥**　定植前每667平方米施腐熟优质有机肥3 500～4 000千克，过磷酸钙25～30千克，氯化钾7～10千克，或草木灰100千克。耕翻20～30厘米深，耙细整平做畦，畦宽1～1.2米，畦长视棚室跨度而定，然后铺地膜准备定植。

(3) **追　肥**　莴苣的追肥在施足基肥的基础上进行，要基本掌握促前、控中、攻后的原则，即生育前期用氮肥促叶片生长发育，生育中期适当控肥水防止徒长，生育后期追肥攻叶球。因此，莴苣定植后需进行 2～3 次追肥。定植后 7～10 天，即缓苗后结合浇水，每 667 平方米追施尿素 3～5 千克或硫酸铵 7～10 千克。早熟品种在定植后 15 天左右，中熟品种在定植后 20 天左右，晚熟品种在定植后 30 天左右，进入结球初期，结合浇水，每 667 平方米追施硫酸铵 25～30 千克，或尿素 10～15 千克，氯化钾或硫酸钾 10～15 千克。

208. 怎样进行塑料大棚早春茬结球莴苣的水肥管理？

(1)施肥整地 定植前深翻土壤 25 厘米以上，每 667 平方米施用腐熟优质有机肥 2 500～3 000 千克，过磷酸钙 40～50 千克，氯化钾 15～20 千克做基肥。充分搂耙均匀后，按 40～50 厘米的间距起垄，垄高 12～15 厘米，用地膜覆盖。

(2)定植后的水肥管理 莴苣的水肥管理在施足基肥的基础上，要掌握促前、控中、攻后的原则。即早期追施氮肥促生长，中期适当控水肥防徒长，后期施肥攻叶球。定植后 7～10 天，即缓苗后随水每 667 平方米施硫酸铵 10～15 千克。早熟品种在定植后 15～20 天，中熟品种在定植后 20～25 天，再随水每 667 平方米追施硫酸铵 20～25 千克，氯化钾 10～15 千克。不可在畦面撒施碳酸氢铵和尿素等，以防氨气积累引起氨害。

莴苣既怕旱又怕潮湿。因此，浇水要适量。一般浇水宜采用沟灌，土壤相对湿度保持在 60%～65%。采收前 5 天左右需控制浇水。

209. 怎样进行塑料大棚秋茬结球莴苣的水肥管理？

(1)施肥整地 每 667 平方米施用腐熟优质有机肥 5 000 千

克，耕翻两遍，耙细耙平，做畦进行定植。

(2)定植后的水肥管理 定植时，浇定植水，缓苗后再浇一水，然后进行中耕蹲苗促根。在第一次追肥浇水后，还要中耕一次。生长期间共需追肥2～3次，即缓苗后15天左右，结球初期和结球中期，每667平方米每次追施硫酸铵15～20千克，或尿素10千克。每次追肥的同时进行浇水，结球初期的浇水量要适当大一些。

210. 怎样进行日光温室冬春茬结球莴苣的水肥管理？

(1)定植前施基肥 定植前整地作畦前施足基肥，每667平方米施腐熟的有机肥3 000～4 000千克，过磷酸钙30～40千克，硫酸铵20～25千克，氯化钾7～10千克。

(2)定植后的水肥管理 在缓苗后7～10天，结合浇水，每667平方米施硫酸铵10～15千克。早熟品种定植后20天左右，晚熟品种定植后30天左右，进入结球初期，结合浇水每667平方米施硫酸铵15～20千克，氯化钾10～15千克。

定植缓苗后要适当控水，以促进根系发育。不铺地膜定植的，应及时中耕，中耕深度为2～3厘米，缓苗后7～10天再浇水和中耕。植株进入莲座期不再中耕。铺地膜定植的，要适当控水，促进根系发育，防止植株徒长。

八、常见花菜类设施蔬菜的施肥

211. 花椰菜的生长发育有何特点?

花椰菜又叫菜花,产品器官为肥嫩的花枝和花蕾构成的白色花球。花椰菜根系分布较浅,主要根群密集在30厘米以内的土层中,因而对肥水要求较高。不同品种形成花球时间不一样。早熟品种从定植到采收需40～70天,因此叶片数少,一般为13～18片,叶片积累营养时间短,花球小;中熟品种从定植到采收需80～90天,有叶片20～23片,同化面积大,积累营养较多,花球也较大;晚熟品种植株高大,从定植到采收需100～120天以上,有叶片25～30片,形成的花球大。

花椰菜属半耐寒蔬菜,怕炎热又不耐霜冻,营养生长的适宜温度为8℃～24℃。种子发芽的适温为20℃～25℃,从种子萌动到子叶展开、真叶露出,需7天左右。从真叶露出到第一叶序五个叶片展开为幼苗期,适温为15℃～25℃,需20～30天。花球形成期适温为14℃～18℃。花椰菜必须通过春化才能分化花芽,形成花球。不同品种通过春化的温度不同,极早熟品种为22℃～23℃,早熟种为17℃～18℃,通过春化需15～20天;中熟种春化温度为12℃,通过春化需20～25天;晚熟种的春化温度在5℃以下,通过春化需30天。通过春化的植株,不分日照长短,都可形成花球。花椰菜是喜光蔬菜,属长日照作物,但对日照长短的要求不像甘蓝严格。

花椰菜耐旱耐涝能力差,喜湿润条件,适宜的土壤湿度为70%～80%,空气相对湿度为80%～90%。对土壤的适应性较强,但宜选择肥沃疏松,富含有机质,保肥保水性能好的砂壤土。

土壤酸碱度的适宜范围为 pH 值 5.5～6.6。

在花椰菜的生长发育过程中，发芽期、幼苗期和莲座期同甘蓝相似。莲座期结束时，植株中心叶片开始旋拧，同时在茎的顶端出现花球，进入花球生长期。这时营养开始向花球累积，花球迅速膨大。

212. 花椰菜的需肥有何特点？

花椰菜属于需高氮蔬菜类型，也是需肥量较多的蔬菜之一，养分不足很难获得高产。花椰菜在不同生长期，对养分的需求不同。花芽分化期吸收氮素较多，花球膨大期吸收磷、钾养分较多。在未出现花蕾前，吸收养分较少。定植后 20 天左右，随着花蕾的出现和膨大，植株对养分的吸收迅速增加，一直到花球膨大盛期。花球比茎叶生长量大，因此花球膨大期要保证氮、磷、钾肥的供应。早熟品种生长期短，生长快，基肥要以速效肥为主，以氮磷钾复合肥较适宜。中、晚熟品种，基肥要增施腐熟好的有机肥和磷钾肥。每生产 1 000 千克商品花球，需吸收氮 4.73～10.87 千克，磷（P_2O_5）2.09～4.2 千克，钾（K_2O）4.91～12.1 千克，其吸收比例为 1∶0.40∶1.09。若每 667 平方米生产 1 500～2 500 千克花球，需从土壤中吸收氮 11.7～19.5 千克，磷（P_2O_5）4.71～7.85 千克，钾（K_2O）12.75～21.25 千克。

213. 怎样给花椰菜施肥？

(1)施苗肥 苗床土的配方，各地不一样，一般是选用三年以上没种植过十字花科蔬菜的菜田土；不用同科蔬菜残体沤制的厩肥、堆肥配制床土。床土矿物质养分必须充分、齐全，含氮量要高；配好后的床土保水性和通透性良好。配制的方法是：肥沃的菜田土 4～5 份，腐熟厩肥或堆肥 5～6 份，每立方米床土加硫酸铵 250 克和过磷酸钙 500 克。

(2)施基肥 栽培地应选择壤土或黏壤土，并施足基肥。早熟品种生长期短，对土壤养分的吸收比中、晚熟品种少，但生长迅速，对养分需求迫切。因此早熟品种的基肥应以速效性氮肥为主，每667平方米施人粪尿1 500千克，或猪、牛厩肥1 500～2 000千克。中晚熟品种生长期长，基肥应以厩肥和磷、钾肥配合施用，一般每667平方米施猪、牛厩肥2 500～3 000千克，或人粪尿1 500～2 000千克，再施入过磷酸钙15～20千克，草木灰50千克。也可用粪干、饼肥等有机肥，每667平方米施用500～1 000千克，再施用过磷酸钙20千克，草木灰50千克。

(3)追肥 追肥应以速效氮肥为主，配合磷钾肥，可以促进花球的膨大，尤其在花球开始形成时，应增加施肥量。一般从定植到收获需追肥2～3次。

①缓苗肥 定植后5～7天，缓苗过后，结合浇水每667平方米追施硫酸铵20～30千克，或尿素10～15千克。

②莲座肥 定植后15天左右，莲座叶开始旺盛生长，结合浇水，每667平方米追施硫酸铵30千克或尿素15千克。

③攻球肥 花球直径达2～3厘米时，进行第三次追肥，结合浇水，每667平方米追施氮磷钾复合肥20～25千克。在土壤肥力低或保肥性能差的菜田上，可在花球形成中期，叶面喷施一次三元复合肥或0.5%尿素加0.4%的磷酸二氢钾肥液，以防早衰，提高花球产量和品质。

214. 不合理施肥对花椰菜会造成什么危害?

在高温条件下，只施氮肥容易形成多叶花蕾，缺氮、磷幼苗叶片小而伸展不良，茎细，花球小；缺钾易患黑心病；缺镁时，叶片变黄；缺硼时常引起花茎中心开裂，花球变为锈褐色，味苦；缺钼叶呈鞭状卷曲，生长迟缓。在酸性土壤上，由于缺钙妨碍硼的吸收，叶柄会发生龟裂或出现小叶。一般肥料不足时，叶片发育不良，小而细长，直立；肥料过多时，叶色浓，叶片下垂。低温和土壤肥力不足，会导致早现蕾，花球小，产量低，品质差。

215. 怎样进行塑料小棚早春茬花椰菜的水肥管理？

(1)定植前施肥　一般每667平方米施腐熟厩肥2500～3500千克。定植前做畦后，按每667平方米施腐熟大粪干1000千克，往畦内撒施，浅耕。

(2)定植后的水肥管理　定植后经5～6天缓苗后，中耕2次后，每667平方米施尿素10～15千克，并浇水。定植后15天左右，每667平方米施腐熟鸡粪500～800千克，或随水冲施尿素15千克。追肥后，连浇两水。花球直径达2～3厘米时，进行第三次追肥，每667平方米施三元复合20～25千克，然后浇水。

九、常见豆类设施蔬菜的施肥

216. 菜豆的生长发育特点有哪些？

菜豆根系比较发达，根部有与根共生的根瘤，能固氮。但根瘤长得慢而且少，在气温和地温低于13℃时，几乎无根瘤着生。菜豆是喜温作物，遇霜冻即枯萎。其生长适温为20℃～25℃，低于10℃不能发芽，在32℃以上的高温下生理代谢紊乱，易落花落荚，或荚小而畸形。日照时数为8～10小时，开花期提前，结荚也多。对光照强度要求严格，光照过弱植株徒长。适宜的土壤湿度为田间持水量的60%～70%，空气湿度为65%～75%。湿度过大易患病，但在开花结荚期缺水也易造成落花落荚。对土壤要求不甚严格，但蔓生种需选择土壤耕层深、排水良好的黏壤土。矮生种早熟栽培时，应选砂壤土。适宜的土壤pH值为6.0～6.5。不耐高盐渍土壤，忌连作。

217. 菜豆的需肥特点有哪些？

菜豆在营养和施肥上有以下特点：一是由于根系比较发达，有根瘤菌共生。其根瘤菌为好气性细菌，通过施富含有机物的肥料，可提高土壤通透性，为根瘤菌的生长、繁殖创造良好的环境。二是根瘤菌对磷特别敏感。根瘤菌中磷的含量比根中多1.5倍，因此，施磷肥可达到以磷增氮的明显增产效果。三是菜豆需钙较多。菜豆虽然有根瘤，本身可以固定氮素，但仍需补充氮肥。菜豆对钾、氮肥需求较多，而对磷肥需求较少。但缺磷会使植株根瘤发育不良，从而使菜豆减产。

菜豆根系对氮、磷、钾、钙等元素的吸收，随植株的生长发育而增加。前期吸收的营养主要用于叶片生长,吸收量是直线上升。生育中期,叶片吸收的养分减少,而豆荚中的氮磷钾却显著增加。由于豆荚生长很快,吸收量也迅速增加,从而导致豆荚迅速膨大。如果三要素供应不足,势必促使部分叶片中的三要素向豆荚转移,叶片的光合能力降低,早衰,植株吸收养分的能力也会降低。在开始花芽分化和进入生育中期时,适量增施氮肥对促进植株的发育,增加花数作用较大,有利于获得优良豆荚。但如果氮素和水分过多,也易引起落花落荚,并且增加劣质荚。同样数量的氮、磷、钾肥,在花芽分化前追施,植株的分枝数、结荚数和豆荚产量都高,且豆荚饱满。每生产 1 000 千克菜豆需吸收氮 3.4 千克,磷(P_2O_5) 2.3 千克,钾(K_2O)5.9～6.8 千克,其吸收比例为 1∶0.68∶1.88。

218. 怎样给菜豆施苗肥和基肥?

菜豆在温室和大棚栽培以春茬、秋茬和秋冬茬为主。

(1)**施苗肥** 菜豆属深根系作物,由于根组织木栓化程度较重,新根生长速度慢,根系切断后恢复能力弱,不易发新根,因而一般不宜育苗移栽,而以直播为主。但菜豆根系具有发生侧根的能力,如果进行护根育苗,一般较容易培育壮苗。苗龄 30 天左右,1～2 片真叶,未甩蔓时较好。为防伤根,一般直接播于营养土方或纸袋、塑料袋中育苗。

培育菜豆幼苗的营养土,要选用 2～3 年内未种过豆类的菜田土,以防土传病害的发生。土壤酸碱度以中性或弱酸性为宜。土壤过酸会抑制根瘤菌的活动,可适量施石灰中和,石灰中的钙同时也给菜豆提供了必需的养分。施石灰时要与床土混匀,用量不能太多。营养土中最好不施人粪尿,因为人粪尿腐熟不好,会引起种子腐烂。没有完全腐熟的堆肥和厩肥,也不宜多施。营养土的配制比例为:腐熟马粪 30%,陈炉灰 20%,腐熟大粪面 10%和未种过豆类蔬菜的菜田土40%。也可用菜田土40%，河泥20%，腐熟的厩肥30%，草木灰10%，加入2%～3%的过磷酸钙进行配制，充分拌匀即成。采用营养土方播种时，先将床土弄成干泥状，平铺在棚室的床面上，厚度以8～10厘米为宜，然后切成10厘米×10厘米的营养土方。播种前在土方上先扎一个1厘米深的小孔，以备播种。

(2)**施基肥** 要选择2～3年间未种植过豆类作物的地块种植菜豆；不要选择豆类连作地块，因为连作易减产。定植前10～15天扣地膜增温，整地施肥，一般每667平方米撒施腐熟有机肥3 000～5 000千克，过磷酸钙30～50千克，草木灰100千克。深耕细耙后做畦或起垄，一般蔓生菜豆以畦栽为主，矮生菜豆以垄栽为主。定植时注意不要把苗坨或土方碰碎。

219. 怎样给菜豆追肥？

苗期管理的目的是苗齐和苗壮。菜豆定植后，以中耕保温为主，促进缓苗和缓苗后生长，缓苗后适当控水蹲苗，防止徒长。在肥水管理上，应掌握幼苗期少、抽蔓期控、结荚期促的原则。具体运用根据菜豆品种及各生育期对养分的需求而定。菜豆较耐土壤干旱，湿度大时易徒长而减少开花结荚，因此应适当控水。定植缓苗后至开花前一般不浇水，初花盛期也不宜浇水，以免引起落花。初花结荚后应加强水肥管理，土壤相对湿度为60%～70%，每隔7～10天浇一次水，每浇二次水应追一次肥。蔓生菜豆生长期长，需追肥3～4次，矮生菜豆生长期短，追肥2～3次即可。

(1)**抽蔓肥** 菜豆抽蔓期追施一次速效氮肥，每667平方米施用硫酸铵15～20千克，或尿素10千克，可促进植株发侧枝，增加花数，提早结荚。

(2)**催荚肥** 第二次追肥是在嫩荚坐住后进行，每667平方米追施硫酸铵20～25千克，或尿素10～12千克，硫酸钾10～15

千克。

(3)结荚盛期肥 第三次是在采收中期进行追肥，每667平方米追施硫酸铵20～25千克，或尿素10～12千克，硫酸钾10～15千克。以延长菜豆的结荚期。

在菜豆生长中后期，可根据菜豆长势，再追施一次肥，施肥量同第一次。可使植株在良好的养分条件下萌发新的侧蔓开花结荚，也可使主蔓的潜伏花开花结荚，以延长菜豆的结荚期。

220. 不合理施肥对菜豆会造成什么危害?

菜豆缺氮，植株生长缓慢而且矮小，叶片小并且发黄。铵态氮肥施用过量时，菜豆易出现氮中毒现象。菜豆喜硝态氮肥，当土壤中硝态氮含量低于速效氮含量的30%时，虽然植株上有分枝和花蕾，但叶片生长失常。当硝态氮低于10%时，氨毒害严重。开始时除叶脉呈绿色外，叶肉褪绿，并带有模糊的黄褐色，继而叶缘和叶脉出现淡褐色干枯。叶脉间突起，叶面凹凸不平，叶缘卷起，落叶多。傍晚叶片下垂，上、中下部叶片发生上述现象严重。在开花结荚期，氮肥过量会引起茎叶徒长，致使落花落果严重。缺磷时，植株和根瘤生长不良，开花结荚减少，产量低，并且籽粒也少。缺镁时，初生叶叶脉间黄化失绿，逐渐由下部向上部发展，几天后开始落叶。这时如增施钾肥，会加重菜豆的缺镁症状。

221. 怎样进行塑料小拱棚早春菜豆的水肥管理?

(1)直播或定植前施基肥 每667平方米施腐熟厩肥3 000～4 000千克，过磷酸钙30～40千克做基肥，施后深耕并耙平。

(2)直播或定植后的水肥管理 植株团棵时进行追肥，每667平方米施尿素10～15千克，并浇水。在植株开始现蕾时，每667平方米施尿素10～15千克，然后浇水。开花期不浇水，防止落花。

植株坐荚后，每667平方米施尿素10～15千克，硫酸钾10～15千克，随即浇水。在荚果生长期间，要增加浇水次数，促荚生长。

222. 怎样进行塑料大棚早春菜豆的水肥管理？

(1)定植前施基肥　一般每667平方米施腐熟有机肥4 000～5 000千克，磷酸二铵20～30千克，或三元复合肥30千克。肥料撒匀后深翻，整平后做成平畦。

(2)定植后的水肥管理　幼苗期适当控制浇水，进行多次中耕划锄，疏松土壤，促进根系和茎叶生长。在抽蔓期，每667平方米施尿素10千克，轻浇一次水。当嫩荚坐住后，结合浇结荚水，每667平方米冲施尿素10～15千克，硫酸钾10千克。以后每采收一次，追施一次速效肥，一般7天左右采收一次，或将速效化肥与腐熟人粪尿交替追施。每次追施后随即浇水。

223. 怎样进行塑料大棚秋菜豆的水肥管理？

(1)播种前施基肥　每667平方米均匀撒施腐熟的厩肥3 000～4 000千克，过磷酸钙40～50千克，然后进行深翻，使土肥混匀再整平。

(2)播种后的水肥管理　塑料大棚秋菜豆出苗后，要及时中耕保墒。植株抽蔓时进行第一次追肥，在植株旁边开沟施肥，每667平方米施硫酸铵10～15千克并埋土，然后浇水。当幼荚长到3厘米长时，进行第二次追肥浇水，每667平方米可随水冲施腐熟好的人粪尿500～700千克，或冲施硫酸铵10～15千克，硫酸钾10～15千克。

224. 怎样进行塑料大棚春豇豆的水肥管理？

(1)定植或播种前施基肥　每667平方米撒施腐熟厩肥

4 000～5 000 千克，过磷酸钙 50 千克，硫酸钾 15 千克。深翻 30 厘米，使土、肥混匀，整平后做畦。

(2)定植或播种后的水肥管理 定植(播种)时适量浇水。开花前，每 667 平方米追施硫酸铵 20 千克，硫酸钾 15 千克，然后浇水。以后每隔 10～15 天浇一次水。从开花后每隔 10～15 天叶面喷施一次 0.2%磷酸二氢钾水溶液。为促进早熟丰产，也可叶面喷施 0.01%～0.03%的钼酸铵或硫酸铜水溶液。

225. 怎样进行塑料大棚春豌豆的水肥管理?

(1)播种或定植前施基肥 每 667 平方米施用腐熟堆肥 4 000～5 000 千克，过磷酸钙 25～30 千克，硫酸钾 10 千克。施肥后深刨，耙平后做平畦。

(2)播种或定植后的水肥管理 在水肥管理上，生育前期不进行追肥浇水，以中耕为主，必需浇水时，浇水量也很少。在开花前、采收前和采收中期，各追一次肥，每次每 667 平方米施三元复合肥 10 千克，追肥要结合浇水进行。也可在坐荚后，用 0.1%～0.2%的磷酸二氢钾水溶液，或 0.1%的硫酸锰水溶液，或 0.1%～0.2%硼砂溶液，每 667 平方米喷施 50～70 升，共喷施 2～3 次。

226. 怎样进行日光温室豌豆的水肥管理?

(1)整地施基肥 先耕翻 1～2 次，深 20～25 厘米，每 667 平方米普施腐熟过筛的有机肥 3 000～4 000 千克，再撒施三元复合肥或磷酸二铵 10～20 千克，经过耕翻使肥料和土壤充分混合均匀，然后整地做畦。

(2)播种或定植后的水肥管理 幼荚长到 3 厘米长时进行浇水。10 天后，进行第二次浇水。进入结荚期后，可根据植株生长情况和天气状况，每隔 10～15 天浇一次水。下部幼荚长到 7～8 厘米长时，结合浇水进行第一次追肥，每 667 平方米施用硝酸铵

20千克或尿素15千克，硫酸钾10～15千克。以后在采收盛期和后期再追肥。叶面追肥多在生长前期，喷施1%葡萄糖溶液供直接吸收利用；在开花前期和坐荚后喷施0.4%～0.5%尿素和0.2%～0.4%磷酸二氢钾溶液。

227. 怎样进行日光温室冬春茬豌豆的水肥管理？

(1)定植前施基肥 每667平方米普施腐熟有机肥4 000～5 000千克，过磷酸钙15～20千克，硫酸钾10千克或草木灰100千克。肥料均匀撒入畦内后进行深耕，耕翻深度为30～40厘米，整细耙平，使土肥混合均匀。

(2)定植后的水肥管理 日光温室冬春茬豌豆植株现蕾后，应及时浇水施肥，每10～15天浇一次水肥，每667平方米施复合肥15～20千克。植株生长过程中要求较强的光照，如连续阴雨天，则常造成大量落花落荚，这时喷0.3%磷酸二氢钾溶液，有利于提高坐荚率。

228. 豆类蔬菜缺少氮、磷、钾会出现哪些症状？

(1)缺氮症状 菜豆缺氮表现为整株生长弱。叶片薄，瘦小，叶色淡，下部叶片黄化，容易脱落。果实不饱满，豆荚弯曲。豌豆的缺氮症状和菜豆的缺氮症状基本相似。其他豆类蔬菜也大致如此。

(2)缺磷症状 菜豆和豌豆的缺磷症状不明显，叶片仍为绿色，但生长发育缓慢。

(3)缺钾症状 菜豆缺钾时下部叶片的叶脉间变黄，并出现向上反卷现象。上部叶片表现为淡绿色。出现缺钾症状时，每667平方米施硫酸钾10～15千克。在下茬蔬菜定植前，增加有机肥施用量，施基肥时每667平方米施用硫酸钾15～20千克。

229. 豆类蔬菜缺钙、缺镁时会出现哪些症状？

(1)缺钙症状 豆类蔬菜缺钙症状一般都表现为叶缘黄化，严重时叶缘腐烂。菜豆缺钙时顶端的叶片表现为淡绿或淡黄色。中下部叶片下垂，呈降落伞状，子实不能膨大。豌豆缺钙时叶缘腐烂，然后变成黑色。叶片中肋附近出现红色斑点，严重时侧脉附近叶片出现红斑。

菜豆缺钙容易发生在砂土或酸性土壤生长的植株上，在施基肥时增加有机肥的用量，在中性的砂土上，用过磷酸钙作基肥施用。对于酸性土壤可施用石灰。

(2)缺镁症状 菜豆缺镁主要表现在下部叶片上，叶脉间首先黄化，严重时叶片过早脱落。在缺镁时，如果土壤呈酸性反应，钙素再供应不足，叶片生长严重受到限制，叶脉间黄化，叶缘坏死。

230. 菜豆缺硼会出现哪些症状？

菜豆缺硼时生长点坏死，叶片发硬，容易折断，蔓顶干枯，有时茎裂开。豆荚中籽粒少，严重时荚中无粒。

在缺硼的土壤上施基肥时，每667平方米施用硼砂0.5～1千克。在菜豆或豌豆生长发育期出现缺硼症状时，可以用0.1%～0.3%的硼砂水溶液进行叶面喷施，每667平方米喷施50升。

十、无公害蔬菜产地环境条件及其控制技术

231. 空气污染对蔬菜生长发育有何危害?

工业废气污染可分为气体污染和气溶胶污染两类。气体污染包括二氧化硫、氟化物、氯气、臭氧、氮氧化物和碳氢化合物等;气溶胶污染包括粉尘、烟尘等固体粒子及烟雾、雾气等液体粒子。其中对蔬菜危害较大的污染物,有二氧化硫、氟化氢、氯气、光化学烟雾和煤烟粉尘等。这些污染物有时表现为急性危害,蔬菜细胞及叶绿素遭到破坏,在叶片上出现大量伤斑,严重时叶片枯死,甚至坏死脱落,造成严重减产;有时表现为慢性危害,即在污染物浓度较低时,表现出轻微伤害;也有的伤害是隐性的,即从植株外部和生长发育上看不出明显的危害症状,但植株的生理代谢受到影响,植株体内有害物质逐渐积累,影响蔬菜产量及品质。

(1)二氧化硫 二氧化硫是对农业危害最广泛的空气污染物。它主要是由燃烧含硫的煤、石油和焦油时产生。在正常情况下,空气中的二氧化硫含量为 3.5×10^{-5}毫升/升。对植物产生危害的二氧化硫浓度为 $0.5\times10^{-3}\sim10\times10^{-3}$毫升/升以上。蔬菜对二氧化硫的抵抗能力很弱,少量气体就能损伤植株的生理机能。二氧化硫侵入蔬菜的途径,是通过叶片气孔逐渐扩散到叶肉的海绵组织和栅栏组织,因此气孔附近的细胞首先受害。

(2)氟化氢 使用含氟原料的化工厂、冶金厂、磷肥厂和炼铝厂等工厂,都会排出氟废气,其中含氟化合物包括氟化氢、硅氟硫及含氟粉尘等,以氟化氢的毒性最强。氟化氢是一种无色、具有臭味的剧毒气体,其毒性比二氧化硫大 20 倍,当它在空气中的含量

达到 1.0×10^{-7} 毫升/升时，即可使敏感植物受害，它是空气污染物中对植物毒性最大的气体。氟化氢气体对农作物的危害症状和二氧化硫相似，但在急性中毒时，受害的坏死斑(黄褐色或深褐色)往往不是出现在叶脉间，而多是出现在叶尖或叶脉处，并且伤斑出现很快，一般只经过几个小时，叶子即由绿变成黄褐色，全株萎蔫。蔬菜可以直接吸收空气中的氟化物，大部分通过气孔进入，也有部分从叶缘水孔进入。蔬菜的含氟量随着空气污染程度的增加而增加，土壤和灌溉水中的氟对蔬菜影响不明显，而空气中的氟与蔬菜中的氟含量呈明显的正相关。

(3)氯　气　氯气是一种黄绿色的有毒气体，对农作物的危害也十分严重，但它的危害只限于局部地区。污染空气的氯气来源于食盐电解工业，以及制造农药、漂白粉、消毒剂、聚氯乙烯塑料、合成纤维等工厂排出的废气。农作物受氯气危害，往往要在比较高的浓度下才会出现症状，空气中浓度达 $0.5\times10^{-3}\sim0.8\times10^{-3}$ 毫升/升时，经 4 小时左右，蔬菜即受害。通常是使叶缘和叶脉间组织出现白色、浅黄色的不规则斑点，然后发展到全部漂白，枯干死亡。大白菜、洋葱和萝卜对氯气较敏感，茄子、甘蓝和韭菜等对氯气抗性较强。

(4)粉尘和飘尘　除气体外，污染空气的物质还有大量的固体或液体的微细颗粒成分，统称粉尘。它们形成胶体状态，悬浮在空气中，亦称气溶胶。煤烟粉尘是空气中粉尘的主要成分，工矿企业密集的烟囱是煤烟粉尘的主要来源。烟尘是由炭黑颗粒、煤粒和飞灰组成的，是我国危害农业生产最重的空气粉尘。被烟尘危害的蔬菜，主要是各大工厂企业四周菜地上的植株，烟尘沉降在整个污染区的蔬菜植株上，减弱蔬菜的光合及呼吸作用，引起褪色，生长不良，部分组织木栓化，纤维增多，果皮粗糙，使蔬菜减产，商品价值降低。特别是对大白菜、甘蓝等结球叶菜，烟尘夹在叶层内，难以清除。另外，工厂排入大气中的许多极细小的有害物质微粒，如铅、镉、铬、砷、汞、镍、锌、锰等物质的微粒，多数能长时间飘浮在空气里，故称“飘尘”。这些物质毒性很大，能直接或间接地被蔬菜吸收，并污染土壤，对人类健康的危害性很大。

232. 水质污染对蔬菜生长发育有何危害?

由于工业排放大量未加处理的废水和废渣，农业大量施用化肥和农药，致使我国主要江、河、湖泊及部分地区的地下水，都受到不同程度的污染，有的污染相当严重。特别是在城市郊区，由于乡镇企业的发展以及城市污染较重的工厂向郊区的迁移，污染日趋严重，使城郊菜田受害，蔬菜污染加剧。蔬菜是灌水量最大的作物，水体污染已成为菜田土壤及蔬菜污染的主要途径之一。水质污染对蔬菜的危害表现在两个方面，一是直接危害，即污水中的酸、碱物质或废油、沥青以及其他悬浮物与高温水等，均可使蔬菜组织造成灼伤或腐蚀，引起生长不良，产量下降，或者产品本身带毒，不能食用；二是间接危害，即污水中很多能溶于水的有毒有害物质，被植物根系吸收入体内，或者严重影响蔬菜正常的生理代谢和生长发育，导致减产，或者使产品内毒物大量积累，通过食物链转移到人、畜体内，造成危害。对蔬菜危害较大，且分布较广的水中污染物质，主要有酚类化合物、氰化物、苯系物、醛类和有害致病性微生物等。

(1)**酚类化合物** 酚是石油化工、炼焦和煤气、冶金、化工、陶瓷以及玻璃、塑料等工业所排放废水中的主要有害物质。用高浓度含酚废水灌溉蔬菜，对植株有毒害作用，能抑制植株的光合作用和酶的活性，破坏植物生长素的形成，影响植株对水分的吸收，破坏植株的正常生长发育，降低产量。

(2)**氰化物** 污染环境的氰化物，主要来源于炼焦、电镀、选矿、金属冶炼、化肥等一些工厂，在生产过程中排放出的含氰工业污水。由于水体受到污染，从而威胁到农业用水。虽然在低剂量情况下，氰化物对蔬菜的生长、发育及品质不易产生危害，甚至还能刺激生长，但由于氰是剧毒物，容易挥发，对动物杀伤力大。因此，必须注意它对人、畜及水产类的毒害作用。用含氰污水浇灌蔬菜后，污灌区耕作层的含氰量比非污灌区明显增加，其菜田中蔬菜可食部分的含氰量也有增加的趋势，以豆类和绿叶菜类蔬菜增加较多，瓜类增加较少。

(3)**苯和苯系物**　污染环境中的苯及苯系物，主要来源于化工、合成纤维、塑料、橡胶、特别是炼焦和石油工业排放的废水。用含苯水浇灌菜田，随着水中苯浓度的增加，蔬菜产品内的含苯量也有所升高。在低量时，苯对蔬菜生长具有一定的促进作用，但超过一定浓度后，产品器官内芳烃类物质急剧增加，出现涩味，不宜食用。蔬菜及菜田土壤对苯类物质均有一定的代谢与降解能力，因而在植株体内及土壤中的残留量并不太高。但是，考虑到对蔬菜品质的影响，国家农业灌溉水质标准规定，苯的限量浓度为 2.5 毫克/升。

(4)**有害生物污染**　在未处理的食品工业废水、医院污水和生活污水及未腐熟的粪便水中，常常携带有大量的致病微生物，用这些污水浇灌蔬菜，如果采后处理及食用前处理不当，蔬菜就成了病菌进入人体的载体。

未处理污水中的病原菌，常见的有沙门杆菌、志贺氏痢疾杆菌以及肝炎病毒、肠病毒等。另外，还有大量的寄生性蛔虫卵及绦虫卵等。在受污染的蔬菜中，根菜比较严重，果菜较轻。因此，未经充分腐熟的粪便，是不可以用来给蔬菜施肥的，特别是应禁止用来浇灌生食蔬菜，否则会给蔬菜造成严重的污染。

233. 土壤污染对蔬菜生长发育有何危害？

污染土壤的污染物，主要来自两个方面，一是工业“三废”(废气、废水、废渣)，二是在栽培过程中施用过多的化学农药或氮素化肥而造成的农药及硝酸盐污染。

(1)重金属污染 城市及工矿区附近的灌溉水、土壤及蔬菜中的重金属含量较高。与其他农作物相比,蔬菜对多种重金属的富集量要大得多。从不同重金属元素来看,在蔬菜中的富集程度以镉最高,锌、铜次之,铝、砷、铅最低,汞中等。另外,在不同土壤条件下,重金属的吸收情况也有差异。土壤有机质含量高,质地较黏重,土壤反应为中性或碱性的,重金属易被土壤固定,可减少被蔬菜所吸收的重金属量。

①镉污染 污染环境中的镉主要来源于金属冶炼、金属开矿和使用镉为原料的电镀厂、电机厂和化工厂等,这些工厂排放的“三废”都含有大量的镉。镉是毒性强的金属,对人体的危害大。蔬菜的镉污染主要是由于土壤污染引起的,在正常情况下,土壤中镉的含量多在0.5毫克/千克以下,很少超过1.0毫克/千克的标准;如果土壤受到镉污染,则土壤中的镉含量可高达100毫克/千克以上,这种土壤上生长蔬菜中的镉含量比正常的要高出十几倍甚至几十倍。农用灌溉水中镉的标准是≤0.005毫克/升。因此蔬菜中镉的含量最高不得超过0.143毫克/千克。

②砷污染 砷本来不是重金属,但由于它对农作物的毒害作用与有毒重金属相当,故在生产中把它与重金属排在一起。砷的环境污染源主要是造纸厂、皮革厂、硫酸厂、化肥厂、冶炼厂和农药厂等工厂的废气及废水。砷化物的毒性很大,属于高毒物质。如果用含砷量较高的水浇灌菜地,土壤中砷的累积会明显增加,累积速度随灌溉水中砷的浓度升高而加快,土壤受到砷污染后,由于阻碍蔬菜对水分和养分的吸收,产量明显下降。土壤被砷污染后,即使改用清水浇灌,蔬菜中砷的残留量仍然高于非污染区。因此,控制灌溉水中的含砷量是防治蔬菜砷污染的重要措施。我国农田灌溉水中砷的浓度标准是不超过0.05毫克/升。

③铬污染 铬及铬的化合物被广泛用于电镀、金属加工、制

革、涂染料、钢铁和化工等工业。制革工业排放的含铬废水，铬含量可达 410 毫克/升。铬对蔬菜生长的毒害，只有在浓度较大时才会出现症状，当土壤中铬达到 400 毫克/千克左右时才有毒害。铬能抑制作物生长发育，与植物体内细胞原生质的蛋白质结合，使细胞死亡；在微量情况下，可置换作物体内酶蛋白质中的铁、锰等元素，使酶活性受到抑制，阻碍呼吸作用等代谢进程。铬也被确认是人的致癌物。蔬菜中自然铬的含量一般在 0.1 毫克/千克以下，而在污染土壤上栽培，蔬菜中的含铬量可比正常情况下高 100 倍以上。我国农田灌溉水标准规定，六价铬在蔬菜中的含量不得超过 0.1 毫克/升。

④汞污染　污染环境的汞主要来自工业“三废”和含汞农药的使用。通常植物体内只含有极微量的汞，只有在较高的浓度下，汞才对植物产生危害。植物受汞毒害所表现的症状是叶、花、茎变成棕色或黑色。汞进入植物体内有两条途径：一条是土壤中汞化物转变为甲基汞或金属汞，为植物根吸收；另一条是经叶片吸收而进入植物体内，如浓度过大，叶片很容易遭受伤害。在使用含汞水和含汞污泥的农田，蔬菜富集汞的浓度有明显增加。白菜中的汞含量可达 0.081 毫克/千克，萝卜可达 0.011 毫克/千克，辣椒可达 0.22 毫克/千克，均超标 8～20 倍以上。我国农田灌溉水汞的浓度不得超过 0.001 毫克/升。

(2)硝酸盐污染　蔬菜植株中的硝酸盐浓度，与土壤中的氮素量、施用氮肥的数量与类型，以及施用的时期关系密切。蔬菜硝酸盐含量与土壤中氮素特别是硝态氮含量，以及氮素化肥的施用量成正相关，尤其在成熟期施氮影响更明显。菠菜过熟时，体内硝态氮有明显下降，而施氮量较大时，硝态氮量有所上升。施氮的时期对硝态氮含量也影响很大，施用时期越晚，菠菜体内硝态氮含量越高。因此，对叶菜类蔬菜，氮肥宜早期施用，并且不宜过多，否则产品内硝酸盐易超标。

234. 农药污染对蔬菜生长发育有何危害?

进入植物体的农药,如果残存于产品器官内,直接污染蔬菜食用部分,就会对人产生危害;即使是残留在非食用器官内,但一般还是在蔬菜生态系统内循环,还会污染生态环境。

(1)有机氯农药的污染 有机氯杀虫剂理化性质稳定,残留期长,加上每年用药量很大,使用范围广,因而很快会成为农业环境中的主要污染物,不仅污染蔬菜、粮食及农田,而且通过食物链又污染了其他农、畜、禽产品及水产品。我国从 1981 年起明令禁止在蔬菜上使用滴滴涕、六六六等有机氯农药,但至今在蔬菜产品及菜田土壤中仍时有检出。

(2)有机磷农药的污染 有机磷杀虫剂的生产量和使用量,仅次于有机氯。在有机氯杀虫剂已经停用的情况下,在蔬菜的农药污染方面,有机磷农药已成为主要的农药污染源。有机磷农药中的剧毒品种,如对硫磷、甲拌磷等,国家早已明令禁止在蔬菜、瓜果上使用,但目前仍有检出。特别值得注意的是,随着蔬菜设施生产的迅猛发展,周年多茬栽培,病虫害加重,受效益驱动,设施生产农药用量不断增大,有机磷农药残留量相对增加。

(3)其他农药的污染 根据 1999 年 12 月农业部颁发的生产 A 级绿色食品禁止使用的农药名单,除上述有机氯(含三氯杀螨醇等)、高毒的有机磷(甲胺磷、氧化乐果等)农药以外,还有有机汞、有机砷、有机锡、杀虫脒、溴甲烷、克螨特和 2,4-D 类(生长调节剂)等农药。

235. 无公害蔬菜对产地环境条件有什么要求?

无公害蔬菜产地,应选择在生态条件良好,远离污染源,并具有可持续生产能力的农业生产区域。蔬菜赖以生长发育的环境条件很多，但影响其安全品质的环境要素主要是空气、水分和土壤。无公害蔬菜生产对其都有特殊的要求。

无公害蔬菜生产，要求产地的空气、水分和土壤清洁，无污染或少污染。2002 年 9 月国家农业部发布的《无公害食品　蔬菜产地环境条件（NY5010—2002）》对此作出了具体明确的规定。对无公害蔬菜产地环境空气中的主要污染物：总悬浮颗粒物、二氧化硫、二氧化氮、氟化物给出了浓度限值。同时，对灌溉水、土壤也规定了主要控制指标及其限值。

236. 农业自身污染的预防与控制措施有哪些？

农业自身污染，主要是指农业生产过程中使用农药、化肥、生长调节剂等不合理，以及农业废弃物，如畜、禽粪便等处理、利用不当而造成的污染。这方面的污染，主要是通过实施无公害蔬菜生产技术规程加以预防和控制。

（1）科学种田，合理使用农用化学品　这方面的内容参考有关内容，这里不再详述。

（2）利用生态模式合理处理和利用农业废弃物　建立生态型蔬菜生产基地，实行多业互补，利用生态模式合理处理和利用农业废弃物，促进生态经济良性循环。如大力发展种（植）养（殖）结合，种养沼（气）结合，种养沼加（工）等多业结合、多种物质循环模式，不仅可提高生物能的转化率和资源的利用率，而且可防止废弃物对环境的污染。

（3）禁止使用对蔬菜地环境有害的物质　在生产无公害蔬菜的菜田中，应该避免污水、固体废弃物进入，严禁使用有害物质含量超标的污水、农用固体废弃物等，禁止使用医院废弃物及含放射性物质的废弃物。

237. 无公害蔬菜栽培的土壤和水源治理的原则有哪些?

无公害蔬菜栽培对土壤和水源的要求很严格,当这些条件不符合栽培要求时,尤其是生产时间较长的菜地,常常需要对土壤和水源进行治理。

第一,按照环境自然净化规律,以改变人为的对土壤和水源质量的继续污染为突破口,恢复原有的生态平衡。

第二,在蔬菜生产基地内,坚持以蔬菜栽培为主,其他作物互补种植,并结合畜牧养殖和农产品加工等产业,逐步形成一个资源利用合理的社会化物质生产系统。

第三,大力推广无公害蔬菜栽培的各项技术措施,区分地表水和地下水,可灌水和非可灌水,在对污染水进行集中处理的同时,使用深井水并做适当处理,配合采用节水灌溉技术。

238. 治理土壤生态环境的基本方法有哪些?

(1)土壤次生盐渍化治理 在一些老的蔬菜生产基地,生产者不重视土壤与耕作方式的改良,常常会出现土壤的次生盐渍化。其表现为:土壤中有机质比例下降,部分离子浓度偏高,由于离子间的相互作用,使植株根系对一些生长必需离子吸收困难。同时,土壤中与养分分解、转化、吸收有关的一些土壤微生物活性下降,而一些有害微生物的种群却在增大。土壤次生盐渍化所累积的盐分,以硝酸根离子增加最多,其浓度的提高常使土壤中的钙离子等被交换出来,形成硝酸盐,大大提高土壤溶液的浓度。在这种条件下栽培的蔬菜,其产品中的硝酸盐累积比在正常土壤中栽培时高得多。生产上,常通过以下方法对土壤次生盐渍化现象进行处理:

①以水除盐 主要靠大水洗盐,或开沟埋设暗管排水,用垂直

洗盐的方法进行,并将洗出的盐水通过管道或排水系统排出后,进行集中处理。

②生物除盐 采用休闲或轮作方式,栽培速生吸盐量大的作物,如玉米和苏丹草等,进行生物吸盐除盐,降低土壤含盐量。

③轮　作 采用菜田与水田轮作。

④施用有机肥 可用一些稻壳、麦秸、木屑等含碳量高的农副产品,施入土壤。

⑤耕作措施 可进行深耕,使表土和深层土壤适度混合,以使耕层土壤中离子浓度适当降低。

(2)土壤中病虫害的治理 土壤作为病虫害寄生的主要场所之一,在持续连作之后常使病虫密度过高;大量使用杀虫剂和杀菌剂,会使部分病原菌和害虫产生抗药性。对于上述现象,可通过以下方法进行治理:

①耕作方法 可通过土壤休闲,与大田作物进行轮作等方式进行治理。

②土壤冻晒 在越冬前浇入大量冻水,使土壤严重冻结;或在夏季进行深翻晒垡。

③覆膜高温处理 利用夏季高温期间,对土壤施入一定量的石灰和未腐熟的有机肥;浇水后,上面覆盖薄膜,密闭30～45天后,可杀死土中大部分的病原菌和虫卵。

④土壤消毒 利用蒸汽或药物进行土壤消毒。将耕层土壤堆起,高度一般以30厘米左右为宜,外面覆盖薄膜,通入蒸汽消毒。也可用硫黄等熏蒸,具体方法同蒸汽消毒。为了确保消毒效果,处理时间可适当长一些,而且应保证覆盖的气密性。

239. 蔬菜肥害有哪些类型?

蔬菜肥害多种多样,概括起来有内伤和外伤两个类型。

(1)外伤型肥害 主要有下列两种情况:

①**气体毒害** 主要是指氨气毒害。氨气挥发于空气中,浓度达到5毫克/千克以上时,就会造成叶片伤害。开始出现水渍状斑块,以后细胞失水死亡,形成枯死斑。高浓度(如40毫克/千克以上)的氨气会使蔬菜发生急性伤害,叶肉组织崩坏,叶绿素解体,叶脉间出现点、块状褐黑色伤斑。不仅在施用碳酸氢铵、氨水时容易发生这种毒害,而且在施用尿素时也常常发生。此外,施用未腐熟的有机肥也会发生氨的危害。氨气毒害在茄果类、瓜类等蔬菜的苗床或棚室内容易发生,因为这些设施使蔬菜苗生长在近似密闭的环境中,氨气容易在空气中积聚而发生毒害。

②**浓度伤害** 总盐浓度超过了3克/千克的土壤溶液,就会对蔬菜作物的养分和水分吸收产生明显的抑制作用。由于化肥或人、畜粪尿一次施用量过大,造成土壤溶液浓度过高,渗透阻力增大,导致根系吸水困难,甚至发生根细胞内的水分被吸收到土壤溶液中,出现反常的外渗透。在这种情况下,根和根毛细胞原生质就会失水死亡。这种缺水不是由于土壤真正缺水而引起的,因此,又叫生理性干旱。蔬菜生产中,下列情况下最容易发生此类伤害。

一是化肥干施:人们为了节省劳力,经常直接将化肥施于菜田,并且误认为施肥部位离植株越近,就越容易被根系吸收。其实,根系吸收能力最强的部分是在根群外围,即幼根及其根毛部。人们还误认为施一点点化肥不会有多大作用,却不知道50克化肥往往比几十千克有机肥的有效成分还多。

二是营养土配比不当:茄果类、瓜类蔬菜育苗时经常因营养土配比不当而发生肥害。例如,在配制营养土时添加的化肥过量,往往在苗期出现土壤浓度伤害,发生烧根,严重的甚至造成死苗。

三是生肥伤害:新鲜人、畜、禽粪尿,未经腐熟即直接施用,由于在分解过程中产生有机酸和热量,使蔬菜作物根部受害。这种情况在冬季果菜类育苗的苗床中最为常见。

(2)**内伤型肥害** 指由于施肥不当,因植物体内离子平衡被破坏而引起的生理性伤害。因为植物的某些营养元素之间存在着拮抗作用，情况比较复杂。常见的有下列几种情况：

①**氨中毒** 土壤中铵态氮过多时，植物就会吸收过多的氨，产生氨中毒，从而影响光合作用的正常进行。

②**氮肥过多** 在硝化作用的过程中，常会出现亚硝酸累积，发生亚硝酸毒害。表现是根部变褐，叶片变黄。

③**氮过剩** 氮过多时会造成钙的淋溶增加，使蔬菜产生缺钙症状，最常见的是番茄脐腐病、大白菜干烧心等。

④**总盐度过高，抑制钙的吸收** 这种情况在覆盖栽培中最容易发生。

⑤**养分间的拮抗作用** 钾肥施得多了，就会妨碍钙和镁的吸收。同时还会妨碍作物对硼的吸收，造成芹菜裂茎病。在钾浓度为 300 毫克/千克时，黄瓜生长量仅为 100 毫克/千克的 70%。

⑥**硝态氮过多** 妨碍植物对钼的吸收，造成蔬菜发生以失绿为症状的缺钼症。

240. 防止蔬菜肥害的措施有哪些？

(1)**增施有机肥** 有机物在腐解过程中，可以形成有机胶体，而有机胶体对阳离子有很强的吸附能力。当化肥施入土壤以后，由于阳离子多为胶体所吸附，于是存在于土壤溶液中的数量相对减少，从而使土壤溶液的浓度不会升得过高。

(2)**限量施用化肥** 化肥一次施用量过大时，使土壤溶液浓度过高，是造成蔬菜肥害的主要原因。如果将化肥的一次施用量控制在适当数量之内，肥害的发生将大大减少。一般每 667 平方米一次施用碳酸氢铵不超过 30 千克，硝酸铵不超过 15 千克，尿素不超过 10 千克。

(3)**全层深施化肥** 同等数量的化肥，在局部施用时，阳离子被土壤吸附的量相对较少，可造成局部土壤溶液的浓度急剧升高，导致部分根系受到伤害。如改为全层深施，做到土肥交融，就能使肥料均匀分布于整个耕作层，被土壤吸附的阳离子的数量相对增多，土壤溶液的浓度就不会升得过高，从而使作物避免受伤害。同时，由于深施、被土壤颗粒吸附的机会增加，氨的挥发因此减少，地上部发生焦叶的危害也减少。

对于苗床和设施栽培施肥，除了以上措施以外，还要注意施肥后适当通风换气，以免氨的积累。同时，适当浇水，保持土壤湿润，可以降低土壤溶液浓度，避免发生浓度伤害。

附录一 无公害食品 蔬菜产地环境条件

1. 范 围

本标准规定了无公害蔬菜产地选择要求、环境空气质量要求、灌溉水质量要求、土壤环境质量要求、试验方法及采样方法。

本标准适用于无公害蔬菜产地。

2. 规范性引用文件

下列文件中的条款通过本标准的引用而成为本标准的条款。凡是注日期的引用文件，其随后所有的修改单（不包括勘误的内容）或修订版均不适用于本标准，然而，鼓励根据本标准达成协议的各方研究是否可使用这些文件的最新版本。凡是不注日期的引用文件，其最新版本适用于本标准。

GB/T 5750 生活饮用水标准检验方法

GB/T 6920 水质 pH 值的测定 玻璃电极法

GB/T 7467 水质 六价铬的测定 二苯碳酰二肼分光光度法

GB/T 7468 水质 总汞的测定 冷原子吸收水光光度法

GB/T 7475 水质 铜、锌、铅、镉的测定 原子吸收分光光度法

GB/T 7485 水质 总砷的测定 二乙基二硫代氨基甲酸银分光光度法

GB/T 7484 水质 氰化物的测定 第二部分 氰化物的测定

GB/T 11914 水质 化学需氧量的测定 重铬酸盐法

GB/T 15262 环境空气 二氧化硫的测定 甲醛吸收一副

玫瑰苯胺分光光度法

GB/T 15264　环境空气　铅的测定　火焰原子吸收分光光度法

GB/T 15432　环境空气　总悬浮颗粒物的测定　重量法

GB/T 15434　环境空气　氟化物的测定　滤膜·氟离子选择电极法

GB/T 16488　水质　石油类和动植物油的测定　红外光度法

GB/T 17134　土壤质量　总砷的测定　二乙基二硫代氨基甲酸银分光光度法

GB/T 17136　土壤质量　总汞的测定　冷原子吸收分光光度法

GB/T 17137　土壤质量　总铬的测定　火焰原子吸收分光光度法

GB/T 17141　土壤质量　铅、镉的测定　石墨炉原子吸收分光光度法

NY/T 395　农田土壤环境质量监测技术规范

NY/T 396　农用水源环境质量监测技术规范

NY/T 397　农区环境空气质量监测技术规范

3. 要　求

3.1 产地选择

无公害蔬菜产地应选择在生态条件良好，远离污染源，并具有可持续生产能力的农业生产区域。

3.2 产地环境空气质量

无公害蔬菜产地环境空气质量应符合表 1 的规定。

3.3 产地灌溉水质量

无公害蔬菜产地灌溉水质应符合表 2 的规定。

附录一　无公害食品　蔬菜产地环境条件

表 1　环境空气质量要求

项　目		浓度限值			
		日平均		1h 平均	
总悬浮颗粒物(标准状态)(mg/m^3)	≤	0.30		—	
二氧化硫(标准状态)(mg/m^3)	≤	0.15[a]	0.25	0.50[a]	0.70
氟化物(标准状态)($\mu g/m^3$)	≤	1.5[b]	7	—	

注：日平均指任何 1 日的平均浓度；1h 平均指任何一小时的平均浓度

a．菠菜、青菜、白菜、黄瓜、莴苣、南瓜、西葫芦的产地应满足此要求

b．甘蓝、菜豆的产地应满足此要求

表 2　灌溉水质量要求

项　目		浓度限值	
pH		5.5～8.5	
化学需氧量(mg/L)	≤	40[a]	150
总汞(mg/L)	≤	0.001	
总镉(mg/L)	≤	0.005[b]	0.01
总砷(mg/L)	≤	0.05	
总铅(mg/L)	≤	0.05[c]	0.10
铬(六价)(mg/L)	≤	0.10	
氰化物(mg/L)	≤	0.50	
石油类(mg/L)	≤	1.0	
粪大肠菌群(个/L)	≤	40000[d]	

a. 采用喷灌方式灌溉的菜地应满足此要求

b. 白菜、莴苣、茄子、蕹菜、芥菜、芜菁、菠菜的产地应满足此要求

c. 萝卜、水芹的产地应满足此要求

d. 采用喷灌方式灌溉的菜地以及浇灌、沟灌方式灌溉的叶菜类菜地时满足此要求

3.4 产地土壤环境质量

无公害蔬菜产地土壤环境质量应符合表3的规定。

表3　土壤环境质量要求　（单位:毫克/千克）

项目	含量限值					
	pH<6.5		pH6.5～7.5		pH>7.5	
镉　≤	0.30		0.30		0.40[a]	0.60
汞　≤	0.25[b]	0.30	0.30[b]	0.50	0.35[b]	1.0
砷　≤	30[c]	40	25[c]	30	20[c]	25
铅　≤	50[d]	250	50[d]	300	50[d]	350
铬　≤	150		200		250	

注:本表所列含量限值适用于阳离子交换量>5cmol/kg的土壤,若≤5cmol/kg,其标准值为表内数值的半数

a. 白菜、莴苣、茄子、蕹菜、芥菜、苋菜、芜菁、菠菜的产地应满足此要求

b. 菠菜、韭菜、胡萝卜、白菜、菜豆、青椒的产地应满足此要求

c. 菠菜、胡萝卜的产地应满足此要求

d. 萝卜、水芹的产地应满足此要求

4. 试验方法

4.1 环境空气质量指标

4.1.1 总悬浮颗粒的测定按照GB/T 15432执行。

4.1.2 二氧化硫的测定按照GB/T 15262执行。

4.1.3 二氧化氮的测定按照GB/T 15435执行。

4.1.4 氟化物的测定按照GB/T 15434执行。

4.2 灌溉水质量指标

4.2.1 pH值的测定按照GB/T 6920执行。

4.2.2 化学需氧量的测定按照GB/T 11914执行。

4.2.3 总汞的测定按照GB/T 7468执行。

4.2.4 总砷的测定按照GB/T7485执行。

4.2.5 铅、镉的测定按照 GB/T 7475 执行。

4.2.6 六价铬的测定按照 GB/T 7467 执行。

4.2.7 氰化物的测定按照 GB/T 7487 执行。

4.2.8 石油类的测定按照 GB/T 16488 执行。

4.2.9 粪大肠菌群的测定按照 GB/T 5750 执行。

4.3 土壤环境质量指标

4.3.1 铅、镉的测定按照 GB/T 17141 执行。

4.3.2 汞的测定按照 GB/T 17136 执行。

4.3.3 砷的测定按照 GB/T 17134 执行。

4.3.4 铬的测定按照 GB/T 17137 执行。

5. 采样方法

5.1 环境空气质量监测的采样方法按照 NY/T 397 执行。

5.2 灌溉水质量监测的采样方法按照 NY/T 396 执行。

5.3 土壤环境质量监测的采样方法按照 NY/T 395 执行。

附录二 生产绿色食品的肥料使用准则 NY-99

1. 范 围

本标准规定了AA级绿色食品和A级绿色食品生产中允许使用的肥料种类、组成及使用准则。

本标准适用于生产AA级绿色食品和A级绿色食品的农家肥料及商品有机肥料、腐殖酸类肥料、微生物肥料、半有机肥料(有机复合肥)、无机(矿质)肥料和叶面肥料等商品肥料。

2. 引用标准

下列标准所包含的条文,通过在本标准中引用而构成为本标准的条文。在标准出版时,所示版本均为有效。所有标准都会被修订,使用本标准的各方应探讨使用下列标准最新版本的可能性。

GB 8172—1987 城镇垃圾农用控制标准

NY 227—1994 微生物肥料

GB/T 17419—1998 含氨基酸叶面肥料

GB/T 17420—1998 含微量元素叶面肥料

NY/T 绿色食品产地环境标准

3. 定 义

本标准采用下列定义。

3.1 绿色食品

系指遵循可持续发展原则,按照特定生产方式生产,经专门机构认定,许可使用绿色食品标志的,无污染的安全、优质、营养类食品。

3.2 AA级绿色食品

系指生产地的环境质量符合《绿色食品产地环境质量标准》,

生产过程中不使用化学合成的肥料、农药、兽药、饲料添加剂、食品添加剂和其他有害于环境和身体健康的物质，按有机生产方式生产，产品质量符合绿色食品产品标准，经专门机构认定，许可使用 AA 级绿色食品标志的产品。

3.3 A 级绿色食品

系指生产地的环境质量符合《绿色食品产地环境质量标准》，生产过程中严格按照绿色食品生产资料使用准则和生产操作规程要求，限量使用限定的化学合成生产资料，产品质量符合绿色食品产品标准，经专门机构认定，许可使用及 A 级绿色食品标志的产品。

3.4 农家肥料

系指就地取材、就地使用的各种有机肥料。它由含有大量生物物质、动植物残体、生物废物等积制而成的。包括堆肥、沤肥、沼气肥、绿肥、作物秸秆肥、泥肥、饼肥等。

3.4.1 堆肥

以各类秸秆、落叶、山青、湖草为主要原料并与人畜粪便和少量泥土混合堆制经好气微生物分解而成的一类有机肥料。

3.4.2 沤肥

所用物料与堆肥基本相同，只是在淹水条件下，经微生物嫌气发酵而成的一类有机肥料。

3.4.3 厩肥

以猪、牛、马、羊、鸡、鸭等畜禽的粪尿为主与秸秆等垫料堆积并经微生物作用而成的一类有机肥料。

3.4.4 沼气肥

在密封的沼气池中，有机物在嫌气条件下经微生物发酵制取沼气后的副产物。主要有沼气水肥和沼气渣肥两部分组成。

3.4.5 绿肥

以新鲜植物体就地翻压、异地施用或经沤、堆后而成的肥料。

主要分为豆科绿肥和非豆科绿肥两大类。

3.4.6 作物秸秆肥

以麦秸、稻草、玉米秸、豆秸、油菜秸等直接还田的肥料。

3.4.7 泥肥

以未经污染的河泥、塘泥、沟泥、港泥、湖泥等经嫌气微生物分解而成的肥料。

3.4.8 饼肥

以各种含油分较多的种子经压榨去油后的残渣制成的肥料，如菜籽饼、棉籽饼、豆饼、芝麻饼、花生饼、蓖麻饼等。

3.5 商品肥料

按国家法规规定，受国家肥料部门管理，以商品形式出售的肥料。包括商品有机肥、腐殖酸类肥、微生物肥、有机复合肥、无机(矿质)肥、叶面肥、掺合肥等。

3.5.1 商品有机肥料

以大量动植物残体、排泄物及其他生物废物为原料，加工制成的商品肥料。

3.5.2 腐殖酸类肥料

以含有腐殖酸类物质的泥炭(草炭)、褐煤、风化煤等经过加工制成含有植物营养成分的肥料。包括微生物肥料、有机复合肥、无机复合肥、叶面肥等。

3.5.3 微生物肥料

以特定微生物菌种培养生产的含活的微生物制剂。根据微生物肥料对改善植物营养元素的不同，可分成五类：根瘤菌肥料、固氮菌肥料、磷细菌肥料、硅酸盐细菌肥料、复合微生物肥料。

3.5.4 有机复合肥

经无害化处理后的畜禽粪便及其他生物废物加入适量的微量营养元素制成的肥料。

3.5.5 无机(矿质)肥料

矿物经物理或化学工业方式制成，养分呈无盐形式的肥料。包括矿物钾肥和硫酸钾、矿物磷肥（磷矿粉）、煅烧磷酸盐（钙镁磷肥、脱氟磷肥）、石灰、石膏、硫黄等。

3.5.6 叶面肥料

喷施于植物叶片并能被其吸收利用的肥料，叶面肥料中不得含有化学合成的生长调节剂。包括含微量元素的叶面肥和含植物生长辅助物质的叶面肥料等。

3.5.7 有机无机肥（半有机肥）

有机肥料与无机肥料通过机械混合或化学反应而成的肥料。

3.5.8 掺合肥

在有机肥、微生物肥、无机（矿质）肥、腐殖酸肥中按一定比例掺入化肥（硝态氮肥除外），并通过机械混合而成的肥料。

3.6 其他肥料

系指不含有毒物质的食品、纺织工业的有机副产品，以及骨粉、骨胶废渣、氨基酸残渣、家禽家畜加工废料、糖厂废料等有机物料制成的肥料。

3.7 AA 级绿色食品生产资料

系指经专门机构认定，符合绿色食品生产要求，并正式推荐用于 AA 级和 A 级绿色食品生产的生产资料。

3.8 A 级绿色食品生产资料

系指经专门机构认定，符合 A 级绿色食品生产要求，并正式推荐用于 A 级绿色食品生产的生产资料。

4. 允许使用的肥料种类

4.1 AA 级绿色食品生产允许使用的肥料种类

4.1.1 3.4 所述的农家肥料。

4.1.2 AA 级绿色食品生产资料肥料类产品。

4.1.3 在 4.1.1 和 4.1.2 不能满足 AA 级绿色食品生产需要的情况下，允许使用 3.5.1～3.5.7 所述的商品肥料。

4.2 A 级绿色食品生产允许使用的肥料种类

4.2.1 4.1 所述肥料种类。

4.2.2 A 级绿色食品生产资料肥料产品

4.2.3 在 4.2.1 和 4.2.2 不能满足 A 级绿色食品生产需要的情况下，允许使用 3.5.8 所述的掺合肥（有机氮与无机氮之比不超过 1∶1）。

5. 使用规则

肥料使用必须满足作物对营养元素的需要，使足够数量的有机物质返回土壤，以保持或增加土壤肥力及土壤生物活性。所有有机或无机（矿质）肥料，尤其是富含氮的肥料应对环境和作物（营养、味道、品质和植物抗性）不产生不良后果方可使用。

5.1 生产 AA 级绿色食品的肥料使用原则

5.1.1 必须选用 4.1 的肥料种类，禁止使用任何化学合成肥料。

5.1.2 禁止使用城市垃圾和污泥、医院的粪便垃圾和含有害物质（如毒气、病原微生物，重金属等）的工业垃圾。

5.1.3 各地可因地制宜采用秸秆还田、过腹还田、直接翻压还田、覆盖还田等形式。

5.1.4 利用覆盖、翻压、堆沤等方式合理利用绿肥。绿肥应在盛花期翻压，翻埋深度为 15 厘米左右，盖土要严，翻后耙匀。压青后 15～20 天才能进行播种或移苗。

5.1.5 腐熟的沼气液、残渣及人畜粪尿可用作追肥。严禁施用未腐熟的人粪尿。

5.1.6 饼肥优先用于水果、蔬菜等，禁止施用未腐熟的饼肥。

5.1.7 叶面肥料质量应符合 GB/T 17419，或 GB/T 17420，或附录 B 中 B3 的技术要求。按使用说明稀释，在作物生长期内，喷施二次或三次。

5.1.8 微生物肥料可用于拌种，也可作基肥和追肥使用。使用时应严格按照使用说明书的要求操作。微生物肥料中有效活菌的数量应符合 NY 227 中 4.1 及 4.2 技术指标。

5.2 A 级绿色食品的肥料使用原则

5.2.1 必须选用 4.2 的肥料种类。如 4.2 的肥料种类不够满足生产需要，允许按 5.2.2 和 5.2.3 的要求使用化学肥料（氮、磷、钾）。但禁止使用硝态氮肥。

5.2.2 化肥必须与有机肥配合施用，有机氮与无机氮之比不超过 1∶1，例如，施优质厩肥 1 000 千克加尿素 10 千克（厩肥作基肥、尿素可作基肥和追肥用）。对叶菜类最后一次追肥必须在收获前 30 天进行。

5.2.3 化肥也可与有机肥、复合微生物肥配合使用。厩肥 1 000 千克，加尿素 5～10 千克或磷酸二铵 20 千克，复合微生物肥料 60 千克（厩肥作基肥，尿素、磷酸二铵和微生物肥料作基肥和追肥用）。最后一次追肥必须在收获前 30 天进行。

5.2.4 城市生活垃圾一定要经过无害化处理，质量达到 GB 8172 中 1.1 的技术要求才能使用。每年每 667 平方米农田限制用量，黏性土壤不超过 3 000 千克，沙性土壤不超过 2 000 千克。

5.2.5 秸秆还田：同 5.1.3 条款，还允许用少量氮素化肥调节碳氮化。

5.2.6 其他使用原则，与生产 AA 级绿色食品的肥料使用原则 5.1.4～5.1.8 相同。

6. 其他规定

6.1 生产绿色食品的农家肥料无论采用何种原料（包括人畜禽粪尿、秸秆、杂草、泥炭等）制作堆肥，必须高温发酵，以杀灭各种寄生虫卵、病原菌、杂草种子，使之达到无害化卫生标准（符合附录 A 要求）。

农家肥料，原则上就地生产就地使用。外来农家肥料应确认符合要求后才能使用。商品肥料及新型肥料必须通过国家有关部门的登记认证及生产许可，质量指标应达到附录 B 的要求。

6.2 因施肥造成土壤污染、水源污染，或影响农作物生长、农产品达不到卫生标准时，要停止施用该肥料，并向专门管理机构报告。用其生产的食品也不能继续使用绿色食品标志。

附录 A(标准的附录)

A1　高温堆肥卫生标准

编号	项　目	卫生标准及要求
1	堆肥温度	最高堆温达 50℃～55℃，持续 5～7 天
2	蛔虫卵死亡率	95％～100％
3	粪大肠菌值	10-1-10-2
4	苍　蝇	有效地控制苍蝇孳生，肥堆周围没有活的蛆、蛹或新羽化的成蝇

A2　沼气发酵肥卫生标准

编号	项　目	卫生标准及要求
1	密封贮存期	30 天以上
2	高温沼气发酵温度	53±2℃持续 2 天
3	寄生虫卵沉降率	95％以上
4	血吸虫卵和钩虫卵	在使用粪液中不得检出活的血吸虫卵和钩虫卵
5	粪大肠菌值	普通沼气发酵 10-4，高温沼气发酵 10-1-10-2
6	蚊子、苍蝇	有效地控制蚊蝇孳生，池的周围无活的蛆蛹或新羽化的成蝇
7	沼气池残渣	经无害化处理后方可用作农肥

附录 B(标准的附录)

B1 煅烧磷酸盐

营养成分	杂质控制指标
有效 $P_2O_5 \geqslant 12\%$	每含 $1\% P_2O_5$
(碱性柠檬酸铵提取)	$As \leqslant 0.004\%$
	$Cd \leqslant 0.01\%$
	$Pb \leqslant 0.002\%$

B2 硫 酸 钾

营养成分	杂质控制指标
K_2O 50%	每含 $1\% K_2O$
(碱性柠檬酸铵提取)	$As \leqslant 0.004\%$
	$Cl \leqslant 3\%$
	$H_2SO_4 \leqslant 0.5\%$

B3 腐殖酸叶面肥料

营养成分	杂质控制指标
腐殖酸 $\geqslant 8.0\%$	$Cd \leqslant 0.01\%$
微量元素 $\geqslant 6.0\%$	$As \leqslant 0.002\%$
Fe、Mn、Cu、Zn、Mo、B	$Pb \leqslant 0.002\%$